原汁原味
好吃蒸菜

萨巴蒂娜◎主编

U0242149

中国轻工业出版社

蒸一蒸，吃掉我

想吃充满麦香的馒头，不要买现成的，就得自己蒸。将一大团发好的面团和成一个一个小小的白雪球，等雪球团好，就坐锅烧水，不用等水开就把馒头坯子放进去，排成齐齐整整的同心圆，然后就开始等待。

不一会儿，水蒸气开始喷吐，麦香逐渐弥漫，厨房里的空气都变得无比甜美，那是我最享受的一刻。水蒸气中，每个馒头都变得又白又胖，每个似乎都在开口说："来，吃我！"咬一口刚蒸好的馒头，滋味好极了。白口直接吃，越嚼越甜。

蒸能最大程度保持食物的形态和滋味。一屉蒸馒头，另一屉我还会做个蒸菜，比如蒸咸菜、蒸蛋羹、蒸腊肉、蒸粉蒸肉、蒸猪头肉、蒸小鱼……把蒸好的猪头肉夹在刚出锅的馒头里，狠狠咬一大口，我可以在厨房里站着就吃光两个，好吃到转圈圈。

家里买鲜牛奶，喝剩下的，我就用来做双皮奶或者酒酿牛奶蒸，一点不复杂，放一点点糖，在冰箱冰透，每次做好都很快被抢光。我假装生气，内心却是窃喜的。

我喜欢把什么都蒸上一蒸。馒头冷了，蒸一蒸再吃；菜剩下了，蒸一蒸再吃；粥凉了，也蒸一下吧；筷子和抹布用旧了，都会蒸一下消毒。

因为太喜欢蒸了，于是就做了这么一本书，想让厨房空气洁净，好清洁灶台，保留食物的原汁原味，就多尝试下蒸吧。

萨巴蒂娜
个人公众订阅号

萨巴小传：本名高欣茹。萨巴蒂娜是当时出道写美食书时用的笔名。曾主编过五十多本畅销美食图书，出版过小说《厨子的故事》，美食散文集《美味关系》。现任"萨巴厨房"主编。

敬请关注萨巴新浪微博 www.weibo.com/sabadina

目录 CONTENTS

Chapter 1 蔬菜类

剁椒芋艿
032

百合蜜枣南瓜条
033

上汤娃娃菜
034

凉拌茄子
036

芙蓉茄盒
038

面筋蒸茼蒿
040

豆豉蒸青椒
041

粉蒸胡萝卜丝
042

豆干杏鲍菇
044

蚝油金针菇蒸豆腐
046

蟹味菇拌火腿
047

冬瓜火腿片
048

山药火腿叠片
050

山药南瓜羹
051

豆皮菠菜卷
052

榄菜蒸酿豆腐

054

桂花糯米藕

056

木瓜蒸百合

058

银耳莲子红枣羹

060

Chapter 2

肉类

当归红枣蒸鸡

062

小板栗蒸鸡

063

黑胡椒酱香鸡腿

064

豆豉蒸鸡翅中

066

豉香芋头凤爪

067

粽香粉蒸肉

068

梅干菜蒸肉

070

老干妈蒸月牙骨

072

枣香里脊

073

蚝油排骨叠豆腐

074

千张肉卷

076

蒸酿苦瓜筒

078

黄花菜蒸里脊

079

糯米珍珠丸子

080

清蒸狮子头

082

Chapter

3

水产、
蛋类

九层塔蒸青口
116

蒜蓉蒸龙虾
118

蒜蓉粉丝蒸虾
120

清蒸丝瓜虾仁
122

白玉鲜虾卷
124

奶酪虾丸
126

鲜虾豆腐煲
128

蒸玉子豆腐虾仁
130

清蒸鲈鱼
132

蚝汁多宝鱼
134

柠檬鳕鱼柳
136

椰浆芒果蒸鳕鱼
137

葱香带鱼
138

鱼香油面筋
140

黑胡椒鱼香塔
142

太极海鲜蒸
144

香辣豆豉鳊鱼
146

剁椒蒸鱼头
148

香辣河鱼干
150

丸子三拼
151

香菇鹌鹑蛋

152

香橙蒸蛋

154

皮蛋蒸豆腐

156

椰奶鸡蛋羹

158

初步了解全书

看着名字
就流口水

烹饪秘笈，让你与美味
不再失之交臂

需要用到的食材一目了然，
要打有准备的仗

时间、难
易度清楚
明了

详尽直观
的操作步
骤让你简
单上手

好吃更要有营养，健康
更重要

本书按照常见蒸菜食材的种类划分为蔬菜、肉类、水产蛋类、主食四大章节，清清淡淡，健健康康的味道，无论经典与创新，均有呈现。

此外，针对蒸这件事，我们也详尽介绍了其来历、工具；蒸菜可以用"食材蒸制 + 调味芡汁"的方式烹饪，那么我们也整理了一些常用的调味酱汁提供你；"蒸好一条鱼"是很多家庭的蒸菜必修课，我们用极尽详细的方式，将如何蒸出一条火候刚好的鱼呈现在了全书的知识篇中。

计量单位对照表
1 茶匙固体材料 =5 克
1 汤匙固体材料 =15 克
1 茶匙液体材料 =5 毫升
1 汤匙液体材料 =15 毫升

知识篇

蒸的前世今生

"蒸"的烹饪方式由来已久。从古至今，从馒头、包子等各类主食，到蒸扣肉、清蒸鱼等肉类、鱼类的不同菜品，蒸，早已是食客们耳熟能详的经典烹饪方式。

社会发展到今天，人们希望吃得更加健康、营养，尽量在满足口腹之欲的同时，降低在烹饪过程中产生的附加热量，所以蒸菜受到越来越多的健康人群的喜爱。

蒸制工具的介绍

传统的蒸制工具大多为竹器、铁器，比如竹蒸笼、铁锅、砂锅等。随着现代科技的发展，人们研制出了不锈钢锅、硅胶垫等产品，令烹饪工具的选择范围变得更加广泛，烹饪的乐趣也在不断提升。

1. 竹制品（竹蒸笼）

特色非常明显，古香古色、竹香萦绕，带着传统慢生活的气息。大部分由手工编制，细节之美无处不在。竹子独特的清香，在烹饪过程中浸入到食材里，带来别具一格的风味，一般搭配蒸笼布一起使用。但不足之处是，因由篾子编造而成，接缝处不方便清洗，容易藏污纳垢。如果没有通风良好的保存环境，容易产生霉变，影响品质和美观。

2. 不锈钢制品

不锈钢锅具现在越来越广泛地用于家庭烹饪当中，其具有造型多样、易清洗保养的优点，很多款式同时带有折叠的功能，大大节约了存储收纳的空间，很适合现代生活的节奏和环境。

不锈钢蒸屉

不锈钢蒸笼

莲花蒸盘、蒸架

通常是指不锈钢蒸笼中摆放食物的隔层，也可以单独购买。除了在配套的不锈钢蒸笼里使用外，也可以架在其他的锅中使用，光滑的不锈钢表面利于清洗和放置。

这是常见且性价比很高的烹饪工具，家用的多为两层蒸屉，底部倒满水后还可以放入需要煮熟的食品，比如鸡蛋等，利用率非常高。

可以聚合散开，方便收纳。散开时架在锅具中可进行蒸制，平时也可以作为沥干食材水分的工具使用。具有类似功能的有创意的小工具还有很多，可以根据实际需求在网上搜索购买。

3. 其他蒸制工具

食品硅胶蒸笼垫

防烫夹

棉纱蒸笼布

食品级的硅胶是安全可靠的烹饪工具，但一定要购买正规品牌的产品。硅胶蒸笼垫相比传统的蒸笼布的优势在于：光滑的材质能有效防止食材粘连、方便清洗、擦干和收纳、不易产生霉菌，使用寿命更长。

蒸菜的高温蒸汽经常会烫到手，传统的使用毛巾隔热有安全隐患，而且不卫生，而烘焙用的厚手套又过于厚重，不灵活，在端碗的过程中容易打滑。防烫夹子能卡住非常细小的边沿，并且牢固安全，不会烫手。

棉纱蒸笼布的传统工艺和造型，会带来烹饪过程中视觉上的美感，制作原料也让人觉得非常环保、安全。美中不足的是，使用寿命比较短，而且需要更加严格的清洗步骤和干燥洁净的晾晒收纳环境，以避免霉菌等二次污染。

提高菜品颜值的工具

因长时间高温蒸制，和较为固定、不能翻动的烹饪方式，会让蒸菜的菜品和餐具之间形成稳固的结合。这种特殊的烹饪方式，导致大部分菜品都很难进行烹饪完成后的装盘、造型等二次修饰。当我们在烹饪进行的初始阶段，将食材一层层地铺在碗中时，基本就奠定了这道菜品的造型。所以餐具的材质、款式、功能的挑选就显得尤为重要。

1. 餐具材质分类

陶瓷

陶瓷餐具的主要原料是黏土。因为其耐高温、高硬度的特点被广泛使用。随着工艺的进步，陶瓷的造型、花纹设计等也越来越丰富。我们在购买陶瓷餐具时，应选择光洁度高、无异味的餐具，而颜色过于艳丽的陶瓷，会存在重金属添加剂隐患，最好避免购买。

骨瓷

骨瓷是瓷器的一种，其颜色柔和光洁，瓷质细腻、透光度强，强度较陶瓷更高，重量也更轻盈一些。骨瓷在烧制过程中添加了动物骨炭，工艺更为复杂，因而价格也更为昂贵。

2. 餐具功能分类

盘子

适用于平铺造型的菜品，例如蒸肉饼、蒸茄子、蒸鱼等。

汤碗

适用于汤羹、甜品或者分量较大的肉类菜品，例如银耳莲子红枣羹、竹香粉蒸肉、当归红枣蒸鸡等。

炖盅

适用于小分量、造型精致的菜品，例如清蒸狮子头、椰奶鸡蛋羹等。

3. 辅助食材的介绍和搭配

<table>
<tr><td>荷
叶</td><td>干荷叶经过浸泡之后，带有韧性，方便包裹食材和造型，比如包裹糯米，搭配一些其他的食材，做成荷叶鸡、荷叶饭等，都非常有特色。</td></tr>
</table>

竹筒　竹子风雅、清香解腻，非常适合搭配腊肉等浓香型的食材，浓郁的肉香混合着竹子的清香，带来极大的山野情趣。

常用的调料香料

薄荷　薄荷叶的出众之处在于清凉润喉的口感、独特的清香，还有极具装饰和造型能力。在蒸制的烹饪方式中，薄荷叶与海鲜类食材、清淡口味的菜品都极为搭配，不论是前期加入一起蒸制带来清爽的口感，还是成品做好后，用薄荷叶进行装饰摆盘，都非常出色。

九层塔　九层塔又称"罗勒"，原产于印度，气味芳香独特，叶子、根茎很鲜嫩，和蔬菜、肉类一起烹饪，会带来浓郁的异域风情，比如九层塔蒸鱼、九层塔蒸肉末等，也适于与辛辣食材搭配。

紫苏　紫苏是一种比较常见的香料，一般在菜场都能购买到。紫苏的香味浓郁，有很好的去腥提味的效果，常用于辛辣口味的鱼类菜品的烹饪，可开胃解腻，也可用于摆盘的装饰。

粽叶

粽叶最大的功能就是包粽子，包粽子的粽叶要先浸泡，增加其柔韧度，即便如此，还是容易撕裂，在使用的时候一定要注意力度。

蒜蓉

大蒜是日常烹饪常备的香料之一，颜色上可分为白皮、紫皮、红皮等，从形状上又分为独瓣蒜和八瓣蒜。生吃辛辣开胃，通过烹饪加工后的蒜蓉香辣可口，都是调味佳品。在蔬菜和肉类的烹饪中我们都大量使用大蒜，蒸鱼、河鲜时加蒜，能极大地丰富口感层次，不论是清淡还是酸辣的菜品，加入大蒜调味，口味都能自然融为一体。

胡椒

胡椒分为白胡椒和黑胡椒两种，从口感上来说，黑胡椒更为辛辣，多用于调味去腥，而白胡椒口感和食用效果更为温和，一般用于煲汤。我们在烹饪鱼肉菜品时，加上胡椒粉能起到很好的去腥、提鲜、丰富口感的效果。

香菜

香菜是常见的香料，也可以单独作为蔬菜进行烹饪。香菜香味独特，根茎的口感脆爽。作为香料使用时，通常是切碎后撒在菜品上作为装饰和调味。

酱汁调配

蒸菜因为烹饪方式的独特性，能最大限度地保留食材的原汁原味，锁住食材的营养，减少二次加工后营养的流失。但同时因为蒸制过程中不宜翻动、不宜中途添加调味品等限制，使得酱汁的调配变得尤为重要。不管是蒸制之前的腌制，还是入锅之前的调味，直到出锅后的浇汁，都是必不可少的一个步骤。

酱汁可以是任何味道的组合，可以是酸辣的、香甜的、酸香的、椒麻的，浓油赤酱抑或酸甜香辣，可以随心所欲地根据自己的喜好和心情来调配。同样一道食材，浇上不同的酱汁，就可以变化成另一道菜。比如说排骨，蒸熟后浇上蒜香汁，就是蒜香排骨；拌上香芋蒸熟后，浇上淀粉汤汁，就是芋香排骨；淋上香辣麻椒酱，就是香辣排骨……诸如此类的小窍门，在我们融会贯通之后，会让餐桌变得更加丰富多彩。

 腐乳酱

材料

红腐乳 50 克｜蒜蓉 20 克｜米酒 2 茶匙
姜末 1 茶匙｜橄榄油 1 茶匙

制作步骤

❶ 将腐乳放入碗中，倒入米酒，搅拌均匀。　❷ 加入蒜蓉、姜末拌匀。

❸ 倒入橄榄油，用力搅拌至乳化均匀的状态即可。

🍲 淀粉汤汁

材料

淀粉 1 茶匙
高汤（市售成品鸡汤）适量
葱花少许

烹饪秘笈

1 市售成品高汤如果本身含有盐分的，则不需要在调制酱汁的过程中再放盐。如果是自制的高汤，要根据实际情况进行调味。

2 淀粉汤汁的主要作用是让菜品的汤汁口味更加丰富，主要由淀粉调制而成，可以根据不同的口味需求，加入不同的调味品，例如胡椒粉、香菜、细砂糖或者生抽等。

制作步骤

❶ 将高汤倒入锅内烧开。

❷ 淀粉加入少许凉白开，混合均匀，制成水淀粉。

❸ 将水淀粉倒入烧开的高汤中搅拌均匀，制成浓稠的汤汁。

❹ 撒上少许葱花即可。

🥄 甜醋汁

材料

香醋 3 茶匙 | 细砂糖 2 茶匙 | 淀粉少许

制作步骤

❶ 锅内倒入小半碗清水烧开。

❷ 加入香醋、细砂糖搅拌均匀，烧开。

❸ 加入调好的水淀粉，搅拌均匀即可。

🥄 红酒甜醋汁

材料

红酒 20 克 | 细砂糖 3 茶匙 | 柠檬汁 2 茶匙

制作步骤

❶ 锅内清水烧开，放入装有柠檬汁的小碗，隔水加热至温热。

❷ 热好的柠檬汁，加入细砂糖，趁热搅拌均匀至糖溶化，放凉备用。

❸ 凉好的柠檬汁，加入红酒，搅拌均匀即可。

🥄 番茄酸甜汁

材料

番茄	1个
细砂糖	2茶匙
番茄酱	1汤匙
淀粉	1茶匙
植物油	1茶匙

制作步骤

❶ 番茄洗净、去皮,切丁。

❷ 锅内倒入植物油烧热,加入番茄丁,小火翻炒。

❸ 加入细砂糖搅拌均匀,小火炒至番茄丁出汁。

❹ 加入番茄酱搅拌均匀,倒入温开水,没过食材少许,小火焖煮。

❺ 淀粉倒入少量清水,搅拌均匀,制成水淀粉。

❻ 将水淀粉倒入已经煮烂的番茄汤中,搅拌均匀形成酱汁即可。

鲍鱼汁

材料

市售鲍鱼汁	1 罐
胡椒粉	1 茶匙
淀粉	1 茶匙
盐	少许

制作步骤

❶ 鲍鱼汁和清水按照 1：0.5 的比例调配，倒入锅中烧滚。

❷ 淀粉加入少量清水搅拌均匀，制成水淀粉备用。

❸ 烧开的鲍鱼汁根据咸淡，适当加入盐，拌匀。

❹ 将水淀粉倒入鲍鱼汁中搅拌均匀，形成黏稠的酱汁。

❺ 撒上胡椒粉调味即可。

芝麻花生酱

材料

市售成品芝麻花生酱 2 汤匙 ｜ 香油 1 茶匙

制作步骤

❶ 市售成品的芝麻花生酱，大部分非常浓稠甚至有些发硬，不适合浇汁，所以需要稀释。挖出 2 汤匙芝麻花生酱，按照 1：1 的比例对入凉白开，用力搅拌均匀。

❷ 在芝麻花生酱中加入香油，用力搅拌至完全乳化即可。

浇油

材料

植物油适量（根据食材分量酌情调整用量）

制作步骤

将植物油倒至锅内，大火烧至冒烟的热度，趁热浇在备好的食材表面，利用高温能量瞬间接触食材，获得视觉上的热油沸腾效果，以及食材接触高温瞬间产生的焦香口感和喷鼻香味。

蒜香汁

材料

大蒜	2 颗
植物油	2 茶匙
料酒	1 茶匙
生抽	1 茶匙
盐	1/2 茶匙
淀粉	少许
鸡精	少许

制作步骤

❶ 大蒜剥皮，细细切成蒜蓉；淀粉加入少许凉白开，搅拌均匀成水淀粉。

❷ 锅内倒入植物油，大火烧热，转中火，放入蒜蓉，快速翻炒至金黄脆香。

❸ 加入盐、料酒、生抽、鸡精翻炒出香味。

❹ 沿着锅边倒入一小碗开水，烧滚。

❺ 在锅内加入调好的水淀粉，搅拌均匀，关火即可。

麻辣红油

材料

植物油 30 克 | 辣椒面 20 克 | 芝麻 10 克
八角 2 颗 | 桂皮 5 克 | 花椒 10 克 | 香叶 2 片
大葱 2 根 | 大蒜 1 颗 | 生姜 10 克 | 盐 1 茶匙
细砂糖 1 茶匙 | 白醋少许

制作步骤

❶ 辣椒面、芝麻、盐、细砂糖拌匀，做成辣椒粉，放入一个干燥的碗内备用。

❷ 大葱洗净，切小段；生姜切丝；大蒜剥皮，切成薄片。

❸ 八角、桂皮、花椒洗净，沥干水分备用。

❹ 植物油倒入锅中烧热，倒入葱姜蒜、花椒、桂皮、八角、香叶，小火翻炒。

❺ 炒至香味出来、葱姜蒜焦黄，关火，捞出所有材料弃用。

❻ 舀出一勺热油，倒入辣椒粉中，迅速搅拌均匀。

❼ 锅内热油二次加热（不用滚烫，加温即可），倒入搅拌过的辣椒粉中，再次搅匀。

❽ 辣椒粉中加入 20 毫升凉白开、少许白醋，搅拌均匀即可。

❾ 静置 10 小时以上，颜色更为鲜亮，口味更地道，也可以马上使用。

速成剁椒酱

材料

红尖椒	5 根
蒜蓉	20 克
生姜	20 克
盐	1 茶匙
植物油	2 汤匙
白醋	1 汤匙
香油	少许

制作步骤

❶ 红尖椒洗净后，擦干水分，切成碎末（戴手套，防止辣手）。

❷ 生姜削皮，切成小丁。

❸ 锅内倒入植物油烧热，倒入辣椒末、蒜蓉、姜丁，转小火翻炒。

❹ 翻炒至辣椒半熟，加入盐、白醋，翻炒均匀，小火炒至全熟。

❺ 将炒好的辣椒盛入碗中，放凉。

❻ 滴入少许香油，搅拌均匀即可。

🥄 豆豉酱

材料

干豆豉	50 克
蒜蓉	15 克
姜末	5 克
大头葱	2 根
植物油	1 汤匙
酱油	1 茶匙
细砂糖	1 茶匙
米酒	20 克

制作步骤

❶ 大头葱洗净，取根部，切成葱末。

❷ 锅内加入植物油烧热，倒入葱姜蒜，转小火炒香。

❸ 放入干豆豉，翻炒至豆豉的香味出来。

❹ 加入酱油、米酒，翻炒均匀。

❺ 加入小碗清水，小火煮至豆豉变软。

❻ 加入细砂糖，搅拌均匀即可。

香辣酱

材料

小米辣 5 根｜干辣椒 5 根｜蒜蓉 20 克｜葱末 10 克｜姜末 10 克｜料酒 1 茶匙｜盐 1 茶匙｜生抽 1 茶匙
植物油 1 汤匙｜葱花少许

制作步骤

❶ 小米辣洗净后切碎、
干辣椒剪成碎块。

❷ 锅内倒入植物油烧热，
倒入葱姜蒜、辣椒炒香。

❸ 加入盐、生抽、料酒，
翻炒均匀，小火煮到收汁。

❹ 撒上葱花即可。

酸辣汁

材料

剁椒 50 克 | 白醋 10 克 | 蒜蓉 10 克 | 植物油 1 汤匙 | 芝麻 1 茶匙

制作步骤

❶ 剁椒、白醋放入碗中搅拌均匀。

❷ 在碗面上均匀铺上蒜蓉，撒上芝麻。

❸ 锅内倒入植物油，烧热至冒烟。

❹ 趁热浇入碗中即可。

🥄 梅干菜肉酱

材料

梅干菜	50 克
猪肉糜	80 克
冰糖	10 克
蒜蓉	10 克
姜末	10 克
植物油	1 汤匙
酱油	1 茶匙
料酒	1 茶匙

制作步骤

❶ 梅干菜洗净、沥干水分，切成碎末。

❷ 锅中倒入植物油烧热，倒入蒜蓉、姜末，小火炒香。

❸ 倒入猪肉糜炒至变色，加入酱油、料酒，翻炒均匀。

❹ 倒入梅干菜末，中火炒香。

❺ 倒入清水，以没过锅中食材为准，加入冰糖，小火焖煮。

❻ 煮 30 分钟左右，至汤汁浓稠收干即可。

🥄 香辣麻椒酱

材料

辣椒面	20 克
红尖椒	10 根
干豆豉	10 克
蒜蓉	20 克
姜末	20 克
炒香的花生米	20 克
熟白芝麻	10 克
芝麻花生酱	1 汤匙
盐	2 茶匙
细砂糖	1 茶匙
白酒	1 汤匙
生抽	1 汤匙
植物油	2 汤匙

制作步骤

❶ 花生米拍碎、红尖椒洗净后切碎备用。

❷ 锅内倒入植物油加热，加入蒜蓉、姜末、豆豉、红尖椒碎，小火炒香。

❸ 锅内倒入白酒、生抽、盐，翻炒均匀。

❹ 依次加入辣椒面、芝麻花生酱、细砂糖，搅拌均匀，小火焖煮至材料融合、汤汁变浓稠。

❺ 撒上花生米碎和熟白芝麻拌匀即可。

如何蒸鱼

海鲜鱼虾因其肉质的鲜嫩和汤汁的甜美，最适合使用蒸制的方式，可令你品尝到食材的原汁原味。海鲜鱼虾的种类繁多，因此在蒸菜中占有非常重要的分量。

我们以蒸制一条鲈鱼为例，从购买到摆上餐桌，详细分解每一个步骤。只要你掌握了基本的蒸制窍门，便可以举一反三，用同样的方法蒸制其他鱼类、甚至是虾类、贝类，从而丰富你的餐桌。

购买 1 条约 700 克的鲈鱼，让商家帮忙杀鱼、去鳞片等粗加工。

适合蒸制的整条鱼以一两斤为宜，过小无肉，过大不容易蒸熟，如果是切段的鱼肉、鱼片，则根据需求调整用量。

常见的海鲜有海鲈鱼、黄花鱼、多宝鱼、鱿鱼等，范围可以延伸至新鲜的虾蟹类和贝类，比如基围虾、花甲、蛤蜊、海蟹等，通常用蒜蓉、甜醋汁、淀粉糖汁之类较为清淡的酱料进行调配。河鱼则以鱼头、半加工好的鱼干为主，多采用剁椒、麻辣红油、豆豉等香料较多、口味较重的调料。

鲈鱼洗净后，在鱼身的两面各划上两道刀口。

鱼肚内的内脏去除不要（鱼子可以留下），血水、鱼鳃都要去除干净。将鱼摆在案板上，根据鱼的大小，在鱼身两面用刀各划上两三刀平行的刀口，刀口划破鱼皮即可，不需要太深，目的是避免在高温蒸制过程中，鱼皮破裂涨开影响美观，如果划得太深入骨，蒸制后的鱼肉容易散开。

如果是河鱼，鱼肉较紧，可以划十字交叉的刀花，刀口也可以比海鱼更深一些。

生姜一半切大片，一半切姜丝；细香葱的葱白切小段，其余切成葱花。

河鲜鱼虾无可避免地带有腥气，最好的办法便是用生姜、葱白去腥，因此在所有包含鱼虾食材的菜品中，我们都会看到生姜的使用。葱白一样有去腥提鲜的效果，而葱的绿色部分则切成葱花，在摆盘时起到装饰的作用。

取一个椭圆形的餐盘，或者是鱼形盘，盘底垫上两片姜片，将鲈鱼摆在盘中，鱼肚中放入 1 片姜片和两段葱白，鱼上面再摆上姜片和葱白。

在蒸一条完整造型的鱼鲜时，我们选择长方形、椭圆形或者是鱼形的餐盘。颜色选择纯白色为佳，这样可以凸显摆盘时主材的存在感，而且色彩上显得简洁高雅。而在蒸虾类、贝类或者是切段的鱼类（比如龙利鱼柳、巴沙鱼、鱿鱼段、带鱼、鳗鱼等）时，则可采用普通的圆形餐盘。

铁锅内水烧开，架上不锈钢蒸盘，将餐盘摆在蒸盘上，盖上锅盖，大火蒸 20 分钟。

蒸鱼都是等水开后再上锅蒸，一般蒸 15~20 分钟即可。不确定时可将筷子插入鱼肉，能直接插到底，就代表熟透了。如果中间遇到阻碍，则是时间不够。避免蒸的时间过久，否则鱼肉容易散开、老化。

将盘中的姜片、葱段、汤汁弃用，撒上葱花和姜丝。

这一步很重要，因为是快速蒸制，鱼汁不像熬了很久的鱼汤那么有营养，而且会包含鱼腥气，所以这一步的鱼汤必须弃用，重新浇汁。

生抽和凉白开按照 1 ：1 的比例对好，均匀淋在鱼上。

这是最为简单的清蒸酱汁调配方法，可最大限度地保留鱼肉的原汁原味。如果喜欢其他口味，也可以搭配其他不同味道的酱汁。一般海鲜适合搭配清淡口味或者酸甜口味的酱汁，而河鲜适合麻辣鲜香的重口味酱汁。

锅内倒入植物油，加热至冒烟的滚烫状态，趁热浇在鱼上即可。

大部分的蒸鱼菜式都可以用到浇油这一步骤，鱼肉瞬间接触高温产生的香气，对菜品的口感有很大的提升。

香辣粉糯、促进消化
剁椒芋艿

🕐 40分钟　👍 简单

特色

湘菜中的经典菜式，芋头中含有大量淀粉，口感粉糯且容易入味。在蒸制过程中，芋头吸收了剁椒的酸辣，更加鲜香开胃。

主料

小芋头 500 克

辅料

剁椒 1 汤匙 ｜ 植物油 1 汤匙
豆豉 1 茶匙 ｜ 盐 5 克 ｜ 葱花少许

烹饪秘笈

1 购买个头小的芋头，对半切开即可。
2 芋头煮熟后再剥皮，能避免手部皮肤发痒。

做法

❶ 芋头洗净，放入锅中煮熟。

❷ 将煮好的芋头剥皮、切成大块，放入碗中。

❸ 拌入剁椒、植物油、豆豉和盐，混合均匀。

❹ 待蒸锅内的水烧开，用大火蒸 30 分钟左右至芋头绵软。

❺ 在蒸好的芋艿上撒葱花即可。

特色

秋天气候干燥，容易上火，采用蒸制的烹饪方式更为适宜。而百合、蜜枣都是比较滋润的食材。在收获了金灿灿的大南瓜后，搭配百合蜜枣，利用食材天然的甘甜做一道好吃又滋润的菜品吧。

主料

南瓜	500 克
新鲜百合	1 头
蜜枣	5 颗

烹饪秘笈

青皮老南瓜的口感更为粉糯，含糖量更高。南瓜和蜜枣本身带有甜味，所以不用放糖也能品尝到食材本身的香甜。

秋意盎然

百合蜜枣南瓜条

30 分钟　　中等

做法

❶ 南瓜去皮、去瓤，洗净，切成粗条，摆入盘中。

❷ 新鲜百合洗净、掰成片，摆在南瓜上。

❸ 蜜枣洗净后摆在南瓜上。

❹ 蒸锅内水烧开，小火蒸南瓜15 分钟左右，至南瓜软绵即可。

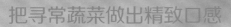

把寻常蔬菜做出精致口感

上汤娃娃菜

 20 分钟（浸泡时间除外）　🏠 中等

特色

娃娃菜在搭配了干贝火腿等浓香食材后，菜品的汤汁丰美，浓香扑鼻，具有丰富的营养和多层次的口感，普通的食材瞬间变得不平凡。

主料

娃娃菜 300 克

辅料

无盐鸡汤	100 克
干贝	10 克
金华火腿	10 克
生抽	1 茶匙
白胡椒粉	少许
葱花	少许

烹饪秘笈

1 干贝、瑶柱、虾米都是提鲜的干货食材，可以根据个人喜好添加。
2 鸡汤可用市售成品鸡汤代替，如果是含有盐分的鸡汤，则不要在烹饪过程中再加盐。

营养贴士

娃娃菜含有丰的维生素和膳食纤维，和白菜在外形和口感上都略为相似，但其钙含量是普通白菜的两三倍，在口感上也更甜一些。

做法

❶ 干贝提前用温水浸泡 1 小时，洗净。

❷ 金华火腿洗净后切成细末。

❸ 将娃娃菜每一棵对半切成 4 块、洗净后摆在盘中。

❹ 把干贝、金华火腿撒在娃娃菜上，淋上鸡汤。

❺ 蒸锅内水开后，大火蒸 10 分钟，至干贝、火腿的香气散发开来。

❻ 在蒸好的娃娃菜上均匀淋上生抽、撒上白胡椒粉和葱花即可。

原汁原味的清香
凉拌茄子

🕐 30 分钟　　● 中等

特色

凉拌茄子是一道经典素菜，用清蒸的方式调出茄子本身的香甜，再加以酱汁调味，是非常养生又能保持食材自然风味的做法。

主料

紫皮大茄子 1 个（约 500 克）

辅料

蒜蓉	10 克
薄盐生抽	1 汤匙
植物油	1 茶匙
盐	1/2 茶匙
葱花	少许

烹饪秘笈

蒸好的茄子带有自然的香甜，如果喜欢吃辣，也可以撒上少许辣椒粉。

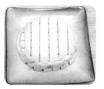

营养贴士

茄子肉质细腻香甜，是广受大众喜爱的食材。其营养丰富，含有丰富的膳食纤维和较高的维生素E，对于延缓衰老和降低"三高"有很好的食疗效果。

做法

❶ 将茄子洗净削皮，去掉茄蒂。

❷ 茄子切成条，均匀抹上盐，平铺在盘中。

❸ 蒸锅内水烧开后，将茄子摆入蒸锅内，大火蒸 15 分钟。

❹ 植物油、生抽、蒜蓉放入碗内，对入 20 毫升凉白开，搅拌均匀，调成酱汁。

❺ 将蒸好的茄子沥出水分。

❻ 淋上拌好的酱汁、撒上葱花即可。

営养丰富，鲜香美味
芙蓉茄盒

⏱ 40 分钟　　● 中等

特色

芙蓉茄盒的摆盘美观，食材中的蛋液金黄，所以命名为"芙蓉"，分为油炸和清蒸两种做法。采用蒸制的方式，做法简单、少油烟，从健康角度来说，更为适宜。

主料

紫皮茄子 1 个（约 500 克）

猪肉糜 100 克

鸡蛋 1 个

辅料

生抽 1 茶匙

盐 1/2 茶匙

黑胡椒粉 1/2 茶匙

葱花少许

烹饪秘笈

1 猪肉糜馅料在塞满茄盒后，如果有剩下的，可以和鸡蛋液搅拌均匀后蒸食。

2 馅料的调配可以根据个人的喜好增减调味品，比如五香粉、辣椒粉之类。

营养贴士

前一道菜我们了解了茄子的营养，这道菜配以富含脂肪和蛋白质的鸡蛋和猪肉，使得膳食的营养结构更加均衡。

做法

❶ 茄子洗净后去掉蒂部，削皮，切成 4 厘米厚的圆段。

❷ 猪肉糜加盐、黑胡椒粉、一半生抽、一半葱花，搅拌均匀，调成馅料。

❸ 茄段对半切一刀，保留部分连接。将调好的馅料塞进茄子夹缝当中。

❹ 鸡蛋打散，加入 1 : 1 比例的清水，搅拌均匀，倒入茄盘。

❺ 将夹好肉馅的茄盒在蛋液中均匀打滚，整齐摆好，放入蒸锅内，大火蒸 15 分钟左右。

❻ 蒸好的茄子沥干盘中多余的水分，撒上剩下的葱花并淋上剩余的生抽即可。

让蔬菜更有嚼劲

面筋蒸茼蒿

⏱ 20 分钟　🍳 简单

特色

茼蒿是菊科植物，有一种特别的清香，又称"皇帝菜"，平时多见于吃火锅时。这次我们用面粉搭配蒸制，同时综合了主食和蔬菜的营养，绿色的茼蒿和白色的面粉相间，看着清爽，吃着筋道。

主料

茼蒿 300 克

辅料

面粉 100 克｜蒜蓉 20 克

香油 1 汤匙｜盐 1 茶匙

黑芝麻 1 茶匙

做法

❶ 茼蒿洗净，去除老的部分，切成大段，晾干水分。

❷ 面粉和盐搅拌均匀，撒在茼蒿上，用手拌匀（保证每根茼蒿均匀裹上面粉）。

❸ 将拌好的茼蒿放入笼屉中，上大火蒸 5 分钟左右。

❹ 蒜蓉、香油、黑芝麻搅拌均匀调成酱汁，淋在蒸好的茼蒿上即可（也可以在吃的时候蘸酱汁）。

烹饪秘笈

可以根据自己的喜好，在酱汁里加上一些辣椒粉、花生碎等。

特色

食素，对身体排毒有着积极的作用。大部分的蔬菜瓜果中都富含膳食纤维，可以帮助肠胃运动，通肠排毒。在这款菜品中，豆豉的浓香搭配青椒的辛辣，虽是素食，却非常开胃下饭，让人吃得一头细汗，仍不想放下碗筷。

主料

青椒 200 克

辅料

豆豉 10 克 | 盐 1/2 茶匙
生抽 1 汤匙 | 植物油 1 茶匙

香辣下饭的素菜
豆豉蒸青椒
🕐 25 分钟 ｜ 简单

烹饪秘笈

1 购买新鲜的、略微带点辣的本地青椒。
2 青椒可以对半切开、也可以切成段。
3 青椒去子，会减少辣的程度，可根据个人的口味选择。

做法

❶ 青椒洗净、去蒂，对半切开，去子。

❷ 将青椒均匀抹上盐，铺在盘中。

❸ 撒上豆豉，淋上生抽、植物油。

❹ 蒸锅内清水烧开，将青椒大火蒸 15 分钟即可。

电脑族的护眼快手菜

粉蒸胡萝卜丝

🕐 30 分钟　🍽 中等

特色

烹饪的过程简单快速，一道菜可以满足你对主食和蔬菜的双重需求。根据自己的喜好，搭配不同的酱汁，可以获得不同的口感，比如酸甜、香辣，尽可灵活掌握。

主料

胡萝卜1根（约200克）

辅料

面粉 100 克 | 盐 1/2 茶匙
植物油 2 汤匙 | 蒜蓉 5 克
干辣椒 5 克 | 花椒粒 5 克
葱花少许

烹饪秘笈

腌制过的胡萝卜丝尽量挤干水分，这样吃起来更有韧劲。

营养贴士

胡萝卜的营养丰富，其特有的胡萝卜素对于长期用眼的电脑族、上班族来说，是非常好的营养品，是保护视力的好帮手。

做法

❶ 胡萝卜洗净后切成细丝、干辣椒切成细丝。

❷ 将盐拌入胡萝卜丝中，拌匀。腌制 10 分钟，沥干水分。

❸ 将面粉倒入胡萝卜丝中，双手搓匀，保证胡萝卜丝均匀裹上面粉。

❹ 蒸笼内铺上屉布，放入胡萝卜丝，上大火蒸 4 分钟左右。

❺ 胡萝卜丝上撒上干辣椒丝、蒜蓉和葱花。

❻ 另取一口锅，倒入植物油烧热，放入花椒粒翻炒，趁热浇到胡萝卜上，吃时拌匀。

鸡蛋还可以这样吃

豆干杏鲍菇

↳ 30 分钟　🔲 中等

特色

用鸡蛋液浓缩制成的鸡蛋干，集合了鸡蛋的营养和豆干脆嫩弹牙的优点，和鲜美清脆的杏鲍菇搭配蒸制，口感层次丰富，回味无穷。

主料

鸡蛋豆腐干 100 克
杏鲍菇 200 克

辅料

盐 1/2 茶匙 | 红椒丝 20 克
生抽 1 汤匙 | 蒜蓉 10 克
植物油 1 汤匙 | 葱花少许

烹饪秘笈

鸡蛋豆腐干也可以用其他豆干代替。

营养贴士

鸡蛋干是有着豆干口感和形状的鸡蛋制品，用鸡蛋液浓缩制成，因此营养成分类似鸡蛋，有丰富的优质蛋白质和人体所需的多种微量元素。

做法

❶ 鸡蛋豆腐干洗净后切大片、杏鲍菇洗净后切大片。

❷ 将鸡蛋豆腐干和杏鲍菇交叉平铺在盘中，均匀撒上盐。

❸ 蒸锅内水烧开后，摆上菜盘，大火蒸 15 分钟。

❹ 取出菜盘，撒上红椒丝、均匀淋上生抽。

❺ 另取一口锅，倒入植物油烧热，放入蒜蓉、盐炒香，趁热浇在菜盘上。

❻ 撒上葱花即可。

促进肠胃蠕动的开胃菜

蚝油金针菇蒸豆腐

🕐 30 分钟　　🔼 中等

特色

整齐摆放的豆腐和金针菇，堆上一层酱汁调料，美观好看。而蒜蓉的香、小米辣的辣再配上金针菇的鲜，一口下去，很是满足。

主料

金针菇 200 克｜嫩豆腐 250 克

辅料

蒜蓉 10 克｜小米辣 2 个
蚝油 1 汤匙｜葱花少许

做法

❶ 金针菇洗净后切去根部，整齐摆放在盘中。

❷ 嫩豆腐切成长方片，整齐码在金针菇中段。

❸ 小米辣切成碎末，和蒜蓉、蚝油一起淋撒在摆好的盘中。

❹ 上蒸锅，大火蒸 15 分钟左右。撒上葱花即可。

烹饪秘笈

不要买太嫩的豆腐，比如内酯豆腐之类的，不容易造型。

特色

蟹味菇的肉质肥美，带有螃蟹的鲜美口感，因此称为"蟹味菇"。口感细滑有韧劲，只要稍做调味，便能调出其本身的美味。

主料

蟹味菇 300 克 ｜ 金华火腿 30 克

辅料

盐 1/2 茶匙 ｜ 葱花少许

烹饪秘笈

金华火腿也可以用猪肉糜、牛肉糜来代替。

蘑菇吃出了大海的味道

蟹味菇拌火腿

🕐 30 分钟　🍴 简单

做法

❶ 蟹味菇洗净、金华火腿洗净后切碎。

❷ 蟹味菇撒上盐，拌匀，撒上火腿末。

❸ 蒸锅内水烧开，大火蒸 15 分钟左右，至火腿的香味散发出来。

❹ 在蒸好的蟹味菇上撒上葱花即可。

炎炎夏日就吃它
冬瓜火腿片

🕐 30 分钟　🏠 中等

特色

这道菜口味清淡、鲜美。冬瓜厚实细嫩的肉质吸收了火腿的咸香，变得格外鲜甜，是夏天里一道清爽开胃的好菜。

主料

冬瓜 500 克
金华火腿 50 克

辅料

蒜蓉 5 克
葱花少许

烹饪秘笈

1. 火腿本身带有咸味，因此不需要再加盐。
2. 喜欢吃辣的可以在第 4 步骤加上少许干辣椒末。

营养贴士

冬瓜很好吸收和消化，其清淡解腻，清爽的口感中带有淡淡的瓜果香气，是夏季常见的瓜果之一。

做法

❶ 冬瓜去瓤、削皮、洗净，切成薄方片。

❷ 金华火腿切成末。

❸ 冬瓜片铺在碟中，最上层放上火腿末。

❹ 再撒上蒜蓉，用保鲜膜将碟子封住。

❺ 蒸锅内水烧开后，上大火蒸15 分钟左右，至火腿香味散发开来。

❻ 蒸好的冬瓜上撒上葱花即可。

造型精美的粗粮
山药火腿叠片

⏱ 40 分钟　🔪 中等

特色

金华火腿浓郁的香味经过高温蒸制后浸透到山药中，山药的软绵粉糯与之完美结合，再用蜂蜜调味，口感自然融合又层层递进。

主料

铁棍山药	300 克
金华火腿	50 克

辅料

蜂蜜	10 克

做法

❶ 山药洗净削皮，和金华火腿切成同等大小的长方形片状。

❷ 山药片上盖一片火腿片，如此交叉摆在盘中，用保鲜膜将盘子封住。

❸ 蒸锅内水烧开，放上山药火腿，大火蒸 20 分钟。

❹ 取出淋上蜂蜜即可。

烹饪秘笈

1 火腿的鲜香能极大提升山药的口感。
2 火腿本身带有咸味，因此不用再放盐。
3 蜂蜜能让山药的粉糯口感更丰富，也可以选择不加。

香浓爽口的粗粮羹汤
山药南瓜羹
⏱ 60 分钟　　中等

特色

南瓜汤底金黄浓稠，山药切成末后，带给你无处不在的脆爽口感，每一口都带给你幸福的感受，再用咸香的肉松加以点缀，不论在口感上还是在卖相上都更加完美。

主料

山药 200 克 | 南瓜 100 克

辅料

盐 1/2 茶匙 | 肉松 10 克

营养贴士

山药健脾暖胃，有很好的降低血糖的功效；南瓜含有大量膳食纤维，和山药都属于高营养低脂肪的优质粗粮，不仅能帮助身体提高新陈代谢，还能增强体质，延年益寿。

烹饪秘笈

1 南瓜糊作为羹底，再将山药切成末，可丰富羹的口感层次。

2 肉松可以根据自己的喜好增减，也可以加上海苔碎。

做法

❶ 南瓜削皮、去子，切成片，蒸熟。

❷ 蒸熟的南瓜用料理机打成糊糊。

❸ 山药削皮，切成碎末。

❹ 将山药碎末放入南瓜糊中，加入 150 毫升的清水，搅拌均匀。撒上盐。

❺ 蒸锅水烧开，将山药南瓜糊糊摆上去，中火蒸20 分钟。

❻ 取出撒上肉松即可。

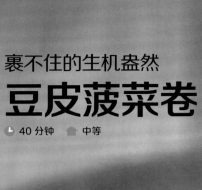

裹不住的生机盎然

豆皮菠菜卷

🕐 40 分钟　　🔺 中等

特色

豆皮浓郁的豆香、香韧的口感，菠菜翠绿讨喜的颜色、爽脆的口感，都是很有辨识度的食材。用少量的调味品进行调味后，就可以品尝食材本身的美味了。

主料

豆皮 100 克 | 菠菜 200 克

辅料

盐 1/2 茶匙 | 鸡精 1/2 茶匙
香油 1 茶匙 | 薄盐生抽 1 茶匙

烹饪秘笈

卷腐皮的时候，应避免用力过猛，否则会导致腐皮断裂。

营养贴士

菠菜口感鲜嫩、营养丰富，含大量的维生素，和豆皮中的蛋白质相结合，完善了膳食结构。

做法

❶ 豆皮用温水浸泡 10 分钟左右，变软即可。

❷ 菠菜洗净，切去根部，入滚水焯熟，切丝。

❸ 菠菜撒上盐、鸡精拌匀。

❹ 将拌好的菠菜裹入豆皮中卷紧，上大火蒸 8 分钟。

❺ 取出后用刀切成小卷摆盘。

❻ 将香油、薄盐生抽搅拌均匀，淋在盘上即可。

入口滑嫩香浓的下饭菜

榄菜蒸酿豆腐

🕐 40 分钟　👤 中等

特色

豆腐细腻爽滑，散发着芬芳的豆香，再配上少许榄菜作为点缀，便综合了豆腐的清香和榄菜的咸香，变得清而不淡、咸而不腻，恰到好处。

主料

豆腐 300 克 ｜ 猪肉糜 80 克
橄榄菜 2 汤匙

辅料

干红辣椒 1 根 ｜ 葱花 20 克
姜末 1 茶匙 ｜ 生抽 2 茶匙
植物油 1 汤匙

烹饪秘笈

不要买太嫩的内酯豆腐，普通的豆腐即可。

营养贴士

豆腐的营养丰富，含有大量易被人体吸收的钙质和不饱和脂肪酸，且不含胆固醇，热量很低，属于健康又美味的食材。

做法

❶ 猪肉糜混合 1 茶匙生抽、姜末，搅拌均匀。

❷ 再加入橄榄菜、15 克葱花，搅拌均匀。

❸ 豆腐均匀铺在盘中，用刀划成大小相等的小块。

❹ 将搅拌好的猪肉榄菜馅儿均匀铺在豆腐上。

❺ 上大火蒸 10 分钟，沥干盘中水分。

❻ 将 1 茶匙生抽对凉白开，按照 1：1 的比例，搅拌均匀，淋在豆腐上。

❼ 干红辣椒切碎，撒在豆腐表面，撒上剩余葱花。

❽ 锅内倒入植物油烧热，浇在豆腐上即可。

感受江南水乡的芬芳甜蜜

桂花糯米藕

🕐 90 分钟（不含浸泡时间） 🔺 高级

特色

这是一道江南水乡的传统名菜。莲藕香甜清脆，糯米吸收了莲藕的清香，软糯多汁。

主料

莲藕	1 节（约 500 克）
糯米	1 小碗（约 80 克）

辅料

红糖	50 克

烹饪秘笈

选购莲藕时，要选择藕节肥大粗短、表面鲜嫩的，不要选择藕节部分破损的，否则藕洞中会有很多污泥，很难清洗。

营养贴士

莲藕开胃健脾、补益气血，是为数不多的含有丰富铁元素的蔬菜之一，搭配同样含有铁元素的红糖、滋阴补气的糯米一起蒸制，营养更加丰富。

做法

❶ 糯米洗净后，用清水浸泡 2 小时。

❷ 莲藕削皮后洗净，一端切开（留出一个藕盖）。

❸ 将糯米用筷子塞入藕洞，注意塞实。

❹ 将之前切下来的藕盖与糯米藕段合拢，用牙签固定住。

❺ 取一个大碗，放入糯米藕，加入清水、红糖，没过莲藕，中小火蒸 50 分钟左右。

❻ 煮到莲藕熟透，用筷子能扎进去即可关火，汤汁备用。

❼ 捞出莲藕，放凉至手能感觉到余温，切片装盘。

❽ 将备用的汤汁继续熬煮至蜜糖状，浇到莲藕上。

滋阴润肺的养颜甜品

木瓜蒸百合

45 分钟　　中等

特色

清甜细腻的木瓜，搭配清香脆爽的百合，口感甜美，而且有淡斑润肤的功效，是美容养颜的佳品。而使用木瓜本身的小船造型作为容器，看起来也非常精美可爱。

烹饪秘笈

1 木瓜不用削皮，吃的时候，木瓜就是一个碗，用勺子直接舀着吃，很方便。
2 木瓜本身很甜，可以根据个人的喜好增减蜂蜜。

营养贴士

百合有滋阴润肺、止咳平喘的效果，木瓜不但果肉丰美细嫩、香气浓郁、甜美可口，而且含大量维生素和膳食纤维，能帮助肠胃运动消化，促进身体的新陈代谢。

主料

木瓜1个｜新鲜百合2头

辅料

枸杞子5克｜蜂蜜1汤匙

做法

❶ 木瓜洗净、底部切掉薄薄一层，方便蒸的时候木瓜可以摆稳。

❷ 从木瓜上部1/3处切开，切出来一个盖子。掏空内瓤，洗净。

❸ 新鲜百合洗净、掰开，放入木瓜中，盖上木瓜盖子。

❹ 蒸锅内水烧开，将木瓜放入盘中，用中火蒸25分钟左右。

❺ 取出木瓜，打开木瓜盖子，浇上蜂蜜。

❻ 撒上枸杞子即可。

补益气血的佳品

银耳莲子红枣羹

⏱ 60 分钟（不含浸泡时间）　🏠 简单

特色

莲子粉糯清香，香甜的红枣加上富含胶原蛋白的银耳，使得汤羹浓稠香甜，不但好喝，而且能够促进肠胃的蠕动，起到很好的排毒养颜的效果。

主料

干银耳	半朵
干莲子	20 颗
干红枣	10 颗

辅料

冰糖	20 克

做法

❶ 银耳提前一晚泡发，至完全膨胀。

❷ 干莲子提前浸泡 2 小时、红枣洗净后备用。

❸ 银耳撕成小片，加入红枣、莲子、冰糖，倒入 1000 毫升清水。

❹ 蒸锅内水烧开，中小火蒸60 分钟左右，至莲子软烂即可。

烹饪秘笈

1. 购买银耳的时候，选择颜色自然的，过于白净或者过于发黄的都不好。
2. 红枣甜度比较高，不加糖也有自然的甜味。
3. 虽然炖煮时间较长，但其实做的方法很简单，用炖锅头天晚上提前炖好，早上起来直接喝，非常方便。

补血益气的养颜佳品
当归红枣蒸鸡
⏱ 150 分钟　　🎩 中等

特色

当归补血、红枣养颜、鸡肉滋补，三合一的搭配通过蒸制的烹饪方式，更加营养健康。当归味苦，加以红枣、冰糖和盐进行调味，有药香却不苦涩、甜而不腻。

主料

土鸡半只（约700克）| 干红枣10颗 | 当归20克

辅料

冰糖30克 | 盐8克

做法

❶ 土鸡洗净后，切成块，均匀撒上盐拌匀，腌制10分钟。

❷ 红枣洗净、当归洗净后切薄片。

❸ 腌制好的土鸡加入红枣、当归、冰糖拌匀，放入碗内。

❹ 蒸锅水烧开，放入菜碗，盖上锅盖，中火蒸120分钟即可。

烹饪秘笈

1 土鸡指的是农村散养的鸡，各地叫法有所不同，基本特征是个头不大，1只大概2斤左右，肉紧实香甜，营养价值比起饲料鸡高。

2 去掉鸡皮，会使鸡汤更清淡一些。

3 当归味苦，所以要加入冰糖进行调味，可根据自己的口味适当增减冰糖的分量。

特色

板栗养胃健脾，在胃酸不舒服的时候吃些板栗特别管用。而且板栗的口感粉糯香甜，是非常受大家喜爱的食材。在这道菜中，板栗吸收了鸡汤的鲜美，口感更加清甜粉糯，而鸡汤也因为板栗的淀粉成分，变得更加浓郁甘甜，可谓是一举两得。

主料

鸡肉 300 克｜小板栗 150 克

辅料

盐 6 克｜生姜 10 克｜胡椒粉 1 茶匙
葱花少许

秋冬餐桌上的温补佳肴

小板栗蒸鸡

⏱ 120 分钟　　中等

烹饪秘笈

1. 可购买剥好的板栗仁，更为方便，喜欢吃板栗的可以增加分量。
2. 鸡肉可以选择整只鸡，或者是鸡腿等纯肉的部分均可。
3. 根据注入清水的分量多少，适量增减盐分。

做法

❶ 板栗剥壳，取肉；鸡肉洗净、切块；生姜切片。

❷ 将鸡肉、板栗、生姜放入碗中，加入盐，倒入 1000 毫升清水。

❸ 蒸锅内注入清水，放入汤碗，隔水大火蒸，水开后转小火蒸 90 分钟。

❹ 蒸好的汤碗里撒上胡椒粉和葱花即可。

鲜嫩入味、酱香浓郁

黑胡椒酱香鸡腿

🕐 90 分钟　　🏠 中等

特色

鸡腿肉结实筋道，口感弹牙，但不
易入味。通过把鸡腿的表层划刀、
再加入滋味浓郁的配菜酱料腌制，
蒸出的鸡肉不但保持了本身的鲜嫩
弹牙，味道也更加香浓。

主料

小鸡腿 4 只（约 250 克）
干香菇 4 朵

辅料

酱油 1 茶匙｜黑胡椒粉 1 茶匙
蒜蓉 1 茶匙｜姜末 1 茶匙
葱花少许

烹饪秘笈

如果购买的是较大的鸡腿，可以
剁成大块进行烹饪。

营养贴士

黑胡椒对肠胃有很好的保养作用，
驱寒开胃。鸡腿肉富含蛋白质，
可增强体质，强身健体。

做法

❶ 干香菇浸泡至微软，洗净。
再加入少许清水继续浸泡 20
分钟，浸泡过的汤水备用。

❷ 香菇水加入酱油、黑胡椒粉、
蒜蓉、姜末调成酱汁。

❸ 鸡腿洗净，用刀划开口子，
倒入调好的酱汁拌匀，腌制 15
分钟。

❹ 盘中摆好腌制好的鸡腿，将
浸泡好的香菇对半切开，摆在
鸡腿上。

❺ 蒸锅内水烧开，放入菜盘，
大火蒸 20 分钟。

❻ 打开锅盖，继续蒸 10 分钟
至汤汁变浓，撒上葱花即可。

让肚子咕咕叫的美味
豆豉蒸鸡翅中

⏱ 40 分钟　　◆ 中等

特色 ||||||||||||||||||||||||||

豆豉的香味独特，非常浓郁，搭配蒜蓉等辛香料，一起撒在肉质紧实的鸡翅中上，浓郁的香气随着蒸制温度的上升而散发出来，还没揭开锅盖，就已经让人垂涎三尺了。

主料

鸡翅中	10 个
干豆豉	10 克

辅料

蒜蓉	1 汤匙
姜末	1 汤匙
酱油	1/2 汤匙
盐	1 茶匙

做法

❶ 鸡翅中洗净，表面用刀划开口子。

❷ 在鸡翅上均匀抹上酱油和盐。

❸ 将鸡翅整齐摆入盘中，均匀撒上蒜蓉、姜末和干豆豉。

❹ 蒸锅内水烧开，放入菜盘，盖上盖子，大火蒸 25 分钟即可。

烹饪秘笈

1 喜欢香辣口味的，可以加入 1 茶匙辣椒粉，和酱油、盐同时抹在鸡翅上。

2 这道菜的做法也适用于其他肉类，比如鸡腿、鸡胸肉、牛肉等。

特色

这是粤式早茶中的一款经典菜式，优哉游哉地啃完软烂入味的凤爪后，再吃一口粉糯香甜、浸透了咸香汤汁的芋头，身心都获得了满足。

主料

鸡爪	10 只
芋头	150 克

辅料

豆豉	1 汤匙
蒜蓉	1 茶匙
生抽	1 汤匙
料酒	1 汤匙
盐	1 茶匙

慢慢啃着吃

豉香芋头凤爪

🕐 150 分钟　🏠 中等

烹饪秘笈

1 鸡爪选择不带鸡腿骨的为佳。
2 可以根据个人口味适当调整蒸制时间，从 60 分钟至 120 分钟都可以。

做法

❶ 鸡爪洗净，放入料酒、盐、生抽腌制 30 分钟。

❷ 芋头削皮，洗净，切成小块，铺在碗底。

❸ 在芋头上放上腌制好的鸡爪，均匀撒上豆豉、蒜蓉。

❹ 蒸锅内水烧开，放入菜盘，盖上锅盖，中火蒸 90 分钟至鸡爪软烂入味即可。

用最风雅的方式来吃肉
粽香粉蒸肉

🕐 90 分钟　　🍴 中等

特色

五花肉丰美多汁，汤汁都浸透至米粉中，香糯黏稠。竹叶经过蒸制之后满屋清香，消解了五花肉的油腻，让吃肉这件事变得更加风雅。

主料

带皮猪五花肉 500 克

五香米粉 200 克

粽叶 5 张

辅料

生抽 1 茶匙 | 料酒 1 茶匙

盐 1 茶匙 | 葱花少许

烹饪秘笈

1 粽叶可以用新鲜的，也可以用干的，干粽叶也不必泡发，直接干蒸的香味也很好闻。

2 可以根据自己的喜好，加入一些土豆、芋头之类的淀粉类蔬菜，再按照加入的比例适当加一些盐。

做法

❶ 猪五花肉切成 1 厘米厚的方块。

❷ 生抽、料酒、盐和五花肉搅拌均匀，腌制 15 分钟。

❸ 加入五香米粉拌匀。

❹ 用一个海碗，底部垫上粽叶，将五花肉一层层叠好。

❺ 蒸笼里水烧开，放入五花肉中小火蒸 1 小时左右。

❻ 在蒸好后的粉蒸肉上撒葱花即可。

姥姥最拿手的硬菜

梅干菜蒸肉

🕐 3 小时　🏠 中等

特色

梅干菜又叫"霉干菜"，是一道历史悠久的名菜，各地的菜干原料不尽相同，但都以绿叶青菜为主，比如"雪里蕻"、"大头菜"、"芥菜"等，都是经过晾晒加工制成的。梅干菜最适合用于和荤菜肉类搭配，其独特的香味浸透至肉食当中，香味交织融合，非常美味，连汤汁都是下饭的利器。

主料

猪五花肉 250 克

梅干菜 50 克（可根据自己喜好增减）

辅料

料酒 1 汤匙 | 生姜 10 克

盐少许（根据梅干菜的咸淡调整）

烹饪秘笈

1 梅干菜属于咸菜类，不同地区的做法有所不同，有些是无盐的，则需要在烹饪过程中放入适当的盐，以 250 克五花肉为例，需要放 5 克左右的盐。而含盐的梅干菜，根据咸淡，可自行增减盐的分量。

2 蒸肉的口感一般以软糯中带有一丝嚼劲为佳，蒸煮的时间可以根据个人对肉类的软糯口感喜好自行调整，蒸两三个小时都可以。

营养贴士

梅干菜开胃下气、特别吸油解腻，所以多用于和大荤一起烹饪。而用于煲汤又十分清甜可口，不但能祛暑下火，而且能增加食欲。

做法

❶ 五花肉洗净后切四方小块，梅干菜洗净后用温水浸泡 30 分钟。

❷ 五花肉用料酒腌制 20 分钟。

❸ 梅干菜挤干净水分，拌入腌制好的五花肉中。

❹ 根据梅干菜的咸淡，适当放入盐，与五花肉混合均匀。

❺ 取一个大碗，生姜铺在碗底，放入拌好的梅干菜五花肉。

❻ 蒸锅内水烧开，放入菜碗，盖上锅盖，中小火蒸 2 小时左右，至五花肉软糯入味，色泽油亮，油脂浸入到梅干菜中即可。

有嚼劲的下酒菜
老干妈蒸月牙骨

🕐 60 分钟　　🍴 简单

特色 ||||||||||||||||||||||||||||||||||||

月牙骨俗称"脆骨"，是动物前腿肉与扇面骨之间的一块月牙形组织，洁白脆嫩、有嚼劲，是非常有特色的一种食材，配以老干妈蒸制，做法简单、香辣开胃，不管是下饭还是酌酒，都极为出色。

主料

月牙骨	300 克
老干妈	2 汤匙

辅料

料酒	1 汤匙
姜末	10 克
葱花	少许

做法

❶ 月牙骨洗净，用料酒腌制 15 分钟。

❷ 腌制好的月牙骨沥干多余料酒，拌入老干妈、姜末，搅拌均匀。

❸ 蒸锅内水烧开，放入菜碗，盖上锅盖，中小火蒸 45 分钟左右。蒸好的月牙骨和老干妈完全融合，口感脆弹爽口，香而不腻。

❹ 在蒸好的月牙骨上，撒上葱花进行配色即可。

┌─ 烹饪秘笈 ─

1 月牙骨是连接猪筒骨和扇面骨的部分，有一层薄薄的瘦肉，骨头脆嫩有嚼劲，吃起来嘎嘣嘎嘣的，是口感很独特的肉类。

2 老干妈中含有盐分，因此不需要再加盐，如果少放一些老干妈，可以适当加入一些盐进行调味。

3 老干妈只是调味品中有代表性的一种，可以替换成香辣酱、蘑菇酱之类，也很好吃。

特色

红枣是非常营养的食材，搭配脂肪含量低、蛋白质含量高的里脊肉一起蒸煮，不但鲜嫩好吃，而且补益气血，很适合小朋友和老人食用。

主料

猪里脊肉	200 克
干红枣	15 颗

辅料

老姜	2 片
料酒	1 茶匙
生抽	1 茶匙
盐	1 茶匙

让小朋友也爱上吃红枣
枣香里脊

⏱ 90 分钟　　🔥 中等

烹饪秘笈

1. 猪里脊肉可以替换成牛柳等其他肉类，味道一样鲜美。
2. 红枣尽量选择肉多核小的，吃起来香甜绵软。

做法

❶ 猪里脊肉切成小块，红枣洗净。

❷ 里脊肉加入料酒、生抽、盐，搅拌均匀，腌制 20 分钟。

❸ 老姜放入腌制好的里脊肉中，最上层放上红枣。

❹ 蒸锅内水烧开，放入菜碗，盖上锅盖，转中小火蒸 40 分钟左右，至红枣软烂，蒸出来的肉汤中有明显的红枣甜味即可。

肉香四溢的豆腐

蚝油排骨叠豆腐

🕐 90 分钟　　🍳 中等

特色

排骨肉香四溢，在蒸制过程中产生的鲜美汤汁全部浸入到底层的豆腐当中，使豆腐细嫩柔滑之余，更加鲜美。再用蚝油增加鲜味，回味无穷。

主料

排骨 500 克 | 豆腐 250 克

辅料

蚝油 1 汤匙 | 料酒 1 茶匙
盐 1/2 汤匙 | 蒜蓉 1 茶匙
姜末 1 茶匙 | 葱花少许

烹饪秘笈

1 豆腐的品种没有严格要求，老豆腐或者嫩豆腐都可以。
2 如果希望色泽更加浓郁，可以在腌制排骨时滴入几滴酱油，搅拌均匀。
3 喜欢吃辣的，可以撒上一些小米辣碎，或者在腌制的时候加入一些辣椒粉。

做法

❶ 排骨切成小块，在清水中浸泡 10 分钟，洗净后沥干水分。

❷ 豆腐沥干水分，切成长方形小块，均匀铺在盘底。

❸ 排骨加入蚝油、料酒、盐、蒜蓉、姜末、葱花搅拌均匀，腌制 30 分钟。

❹ 腌制好的排骨，均匀铺在豆腐上。

❺ 蒸锅内水烧开，放入菜盘，中小火蒸 40 分钟即可。

豆香浓郁的高颜值菜品
千张肉卷

🕐 60 分钟　　● 高级

特色

干张是豆制品的一种，口感柔韧，裹紧调配好的猪肉馅一起蒸制，清香鲜嫩。切成卷儿摆盘，黄皮红馅，层层交叠，非常好看。

主料

干张 1 大张｜猪瘦肉 100 克
西蓝花 50 克

辅料

盐 1 茶匙｜料酒 1 茶匙
姜末 1 茶匙｜黑胡椒粉 1 茶匙
五香粉少许｜葱花少许

烹饪秘笈

1 肉馅不能铺得太厚，否则在卷干张时容易挤出来造成破裂。
2 搅拌肉馅的时候，要往一个方向有力搅拌，才能让肉馅上劲，不易松散。

营养贴士

干张的蛋白质含量丰富，而且易消化、好吸收，是各类人群都很适用的补充蛋白质的食材，常吃可强身健体。

做法

❶ 干张洗净，沥干水分备用。

❷ 西蓝花洗净后，掰成小块，焯熟备用。

❸ 猪瘦肉剁成肉糜，拌上盐、料酒、姜末、黑胡椒粉、五香粉、葱花，用力搅拌均匀。

❹ 将拌好的馅料均匀地、薄薄地铺在干张上。

❺ 干张从一端卷起，略微卷紧一些，不能太松散但也不能太紧，注意力道。

❻ 蒸锅内水烧开，将干张肉卷上中火蒸 30 分钟。

❼ 将蒸好的干张卷切成 2 厘米左右厚度的小段。

❽ 盘中央摆好焯熟的西蓝花，周围一圈摆上切好的干张肉卷即可。

炎炎夏日的祛暑佳品
蒸酿苦瓜筒
🕐 40 分钟　　♠ 中等

特色

苦瓜是时令性很强的蔬菜，在夏日食用可祛暑降火。但是很多人对于苦味有所抵触而鲜少食用。这道菜用肉馅搭配苦瓜蒸制，能中和苦瓜的苦味，让美味升级。

主料

苦瓜	1 根
猪肉糜	200 克
鸡蛋	1 个

辅料

细香葱	1 小把（约 30 克）
盐	1 茶匙
白胡椒粉	少许

做法

❶ 细香葱洗净后切成葱花。

❷ 苦瓜洗净，切成 3 厘米左右高的圆筒状，去瓤。

❸ 鸡蛋打散，加入猪肉糜、葱花、盐、白胡椒粉，搅拌均匀。

烹饪秘笈

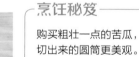

购买粗壮一点的苦瓜，切出来的圆筒更美观。

❹ 将搅拌好的肉馅儿填入苦瓜筒内，稍稍压紧。

❺ 上大火蒸 20 分钟左右即可。

特色

黄花菜含有丰富的卵磷脂，有很好的健脑、抗衰老的功效。黄花菜搭配肉类蒸制，口感清爽不油腻，营养更丰富。

主料

猪里脊肉 200 克 | 干黄花菜 20 克

辅料

盐 1 茶匙 | 料酒 1 茶匙
生抽 1 茶匙 | 姜末 1 茶匙
葱花少许

烹饪秘笈

猪里脊肉口感柔嫩、脂肪含量较低，也可以用肋排、牛柳等其他肉类代替，举一反三，做出其他菜式。

花香徐徐、清淡爽口
黄花菜蒸里脊

🕐 50 分钟　　中等

做法

❶ 干黄花菜用清水浸泡至软，洗净，剪去根部，沥干水分备用。

❷ 猪里脊肉切成小块，加入盐、料酒、生抽、姜末，搅拌均匀，腌制 20 分钟。

❸ 黄花菜垫入盘底，将腌制好的猪里脊肉均匀铺在黄花菜上。

❹ 蒸锅内水烧开，放入菜盘，盖好锅盖，中火蒸 15 分钟，至肉汤渗进黄花菜中。

❺ 在蒸好的里脊肉上撒上少许葱花作为装饰即可。

寓意团圆美好

糯米珍珠丸子

🕐 50 分钟（不含浸泡时间）　🔥 中等

特色

糯米丸子寓意团圆美好，包含着人们对生活的一种美好祝福。糯米吸收了肉丸的汤汁后，鲜甜可口、富有嚼劲，而且摆盘美观，一口一个，吃起来也很方便。

主料

猪瘦肉 250 克

糯米 100 克 | 鸡蛋 1 个

辅料

蒜蓉 1 茶匙 | 姜末 1 茶匙

盐 1 茶匙 | 香油 1 茶匙

葱花少许

烹饪秘笈

1. 糯米的形状分为长形和圆形，珍珠丸子适合采用长形的糯米，黏性更强。圆形的糯米更适合包粽子或者是做汤圆之类的。
2. 猪瘦肉可以略带一点肥肉，我们购买普通猪肉就可以，稍微带些油脂，能让糯米丸子蒸出来更香。

营养贴士

糯米是主食的一种，不但含有人体必需的碳水化合物，而且能滋补气血，滋阴补肾，在蒸制后口感香浓有嚼劲，裹上富含蛋白质和脂肪的猪肉糜，足够满足人体的能量所需。

做法

❶ 糯米提前一晚上用清水浸泡，或提前 5 小时浸泡，泡好的糯米沥干水分。

❷ 猪肉剁成肉糜，打入鸡蛋，拌上蒜蓉、姜末、盐、香油，往一个方向用力搅拌均匀，静置备用。

❸ 拌好的肉馅捏成小球，放入糯米碗里打滚，均匀裹上糯米。

❹ 糯米球摆入盘中，每个之间有所间隔，不能挨得太紧密，以免糯米蒸熟后膨胀，黏在一起。

❺ 蒸锅内水烧开，放入菜盘，盖上锅盖，大火蒸 25 分钟左右，至糯米晶莹剔透，香气四溢。

❻ 在蒸好的珍珠丸子上撒上葱花装饰即可。

清甜香嫩的江南风味
清蒸狮子头

🕐 70 分钟（不含浸泡时间）　　📊 高级

特色

狮子头是江南一带的传统名菜，有清蒸、油炸等做法。狮子头的主料是肥瘦相间的猪肉，加入了爽口清脆的荸荠和香浓细滑的香菇，使得口感松软、肥而不腻、回味悠长。

主料

猪肉（肥瘦三七开）	200 克
鸡蛋	1 个
荸荠	50 克
香菇	5 朵
油菜	2 棵

辅料

生姜	10 克
盐	1 茶匙
料酒	1 茶匙
淀粉	1 茶匙
白胡椒粉	1 茶匙
鸡精	少许

烹饪秘笈

1 不放水的狮子头，清蒸出来会有少量的汤汁，如果喜欢喝汤，可以在上锅前在碗内加入适量清水。

2 避免购买纯瘦肉，比如里脊肉这类，做这道菜需要少量油脂，这样狮子头吃起来口感才更为松软香甜。

做法

❶ 荸荠、生姜洗净、去皮；香菇洗净、去蒂；一起剁成细末，搅拌均匀，制成配菜馅料。如果是干香菇，需要提前泡发。

❷ 猪肉剁成肉糜，加入配菜馅料，混合均匀做成肉馅。

❸ 肉馅中加入盐、料酒、淀粉和鸡精，磕入 1 个鸡蛋，朝一个方向用力搅拌上劲。

❹ 将拌好的肉馅用手团成一个大肉丸子，这就是狮子头了。

❺ 油菜洗净，外面的大片叶子铺在碗底，做好的狮子头放在叶片上。

❻ 蒸锅内水烧开，将菜碗放入，用中火隔水蒸 40 分钟。

❼ 打开锅盖，将油菜心放入狮子头周边，改小火蒸 5 分钟。

❽ 取出菜碗，撒上白胡椒粉即可。

摆盘精美的家常菜
香辣肉末豆腐塔

🕐 50 分钟　🍴 中等

特色

豆香和肉香的滋味互相交融，佐以香浓的榄菜，香辣开胃。利用模具做出三角形的造型，好吃又好看。

主料

绢豆腐 1 盒 | 猪肉 100 克

辅料

辣椒粉 2 茶匙 | 榄菜 1 汤匙
蒜蓉 1 茶匙 | 淀粉 1 茶匙
盐、葱花各少许

烹饪秘笈

1 榄菜在超市有售卖，一般都是玻璃瓶装，含有盐分，因此在做肉馅时，可根据个人口味适量加入一些盐分即可。

2 绢豆腐不老不嫩，适合这道菜的烹饪。

营养贴士

豆腐含有极易被人体吸收的钙质和不饱和脂肪酸，猪肉中富含蛋白质，榄菜中富含膳食纤维，这道菜的膳食搭配十分合理。

做法

❶ 豆腐用清水浸泡 5 分钟，沥干水分；猪肉剁成肉糜。

❷ 猪肉糜加入辣椒粉、蒜蓉、淀粉和少许盐，搅拌均匀制成肉馅。

❸ 将绢豆腐切成小块，拌入肉馅中，轻微缓慢地搅拌均匀，制成豆腐肉馅，不要搅得太细，以可以看到豆腐颗粒为准。

❹ 取一个盘子和三角形的不锈钢模具，将豆腐肉馅填一层在三角形模具中，撒上少许榄菜，再铺一层豆腐肉馅，最上层再铺上榄菜。

❺ 蒸锅倒入冷水，将菜盘带模具一起隔水大火蒸开，转小火蒸 15 分钟。

❻ 取出模具，菜品呈三角塔状，撒上少许葱花装饰即可。

敦厚细腻的蘑菇军团
香菇蒸肉饼

🕐 50 分钟　🏠 中等

特色

这道菜简单易学，而且造型非常可爱精致。香菇醇厚细腻、清甜鲜美，搭配醇香多汁的猪肉，好吃好看又营养。

主料

猪肉 150 克 | 鲜香菇 8 朵

辅料

生抽 1 茶匙 | 盐 1/2 茶匙
淀粉 1 茶匙 | 葱花少许
胡椒粉少许

烹饪秘笈

如果是干香菇，则需要提前浸泡至充分膨胀，再进行烹饪。

营养贴士

香菇是高蛋白低脂肪、维生素含量丰富的食材，具有降血压、降血脂、降胆固醇的食疗效果，常吃可以增强身体免疫力。

做法

❶ 香菇洗净去蒂，留下 3 朵完整的，其余切末。

❷ 猪肉剁成肉糜，加入香菇、生抽、盐、淀粉，顺时针用力搅拌均匀。

❸ 做好的肉馅捏成小球，压成小饼状，均匀铺在盘中。

❹ 将完整的香菇摆在肉饼中间。

❺ 蒸锅内水烧开，放入菜盘，大火蒸 15 分钟至香菇熟透，香味散发开来。

❻ 蒸好的香菇肉饼上撒上胡椒粉调味，撒上葱花即可。

裹着吃的植物胶原蛋白

双耳蛋皮猪肉卷

🕐 50 分钟 · 🏠 中等

特色

金黄的蛋卷，摆成长条或者花朵形都极为好看，木耳和银耳的口感爽脆，搭配香浓的猪肉，口感脆爽有嚼劲，好吃又不腻。

主料

猪肉糜 200 克 ｜ 干木耳 10 克
银耳 10 克 ｜ 鸡蛋 2 个

辅料

植物油 1 茶匙 ｜ 盐 1 茶匙
料酒 1 茶匙 ｜ 淀粉 1 茶匙
黑胡椒粉少许 ｜ 葱花少许

烹饪秘笈

裹蛋卷时注意控制力度，要保证猪肉馅裹紧实的情况下，蛋皮不要裂开。

营养贴士

木耳是少数黑色食材，营养丰富，滋阴润燥；银耳富含胶原蛋白和维生素，抗疲劳、安神养颜。两种食材在营养、口感、视觉上都结合得非常完美，好吃、好看。

做法

❶ 干木耳、银耳用清水浸泡至发开，切成细丝备用。

❷ 猪肉糜加入淀粉、盐、料酒、黑胡椒粉和葱花，用力搅拌上劲。

❸ 拌好的猪肉馅加入木耳丝、银耳丝，混合均匀。

❹ 鸡蛋加入少许盐、少许葱花，用力打散。

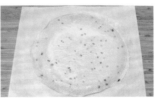

❺ 平底锅倒入植物油加热，倒入蛋液，摊成略有厚度的蛋皮，盛出备用。

❻ 将猪肉馅裹入蛋皮，形成长筒形的蛋卷。

❼ 蒸锅内水烧开，放入蛋卷，中火蒸 15 分钟。

❽ 蒸好的蛋卷放至微凉后，切成圆饼状即可。

爽脆可口的小可爱
荸荠蘑菇小碗蒸

🕐 40 分钟　　中等

特色

蘑菇鲜甜的汤汁浸入到肉馅里，丰美多汁，大小适中，吃在嘴里，满口香浓，鲜甜的肉馅中还带有荸荠的脆爽，美味又营养。

主料

口蘑 200 克 | 荸荠 50 克
猪肉 50 克

辅料

生抽 1 茶匙 | 盐 1/2 茶匙
胡椒粉少许 | 葱花少许

烹饪秘笈

1 挑选口蘑的时候，尽量选择个头较大的，烹饪更为省力，成品更为美观。
2 可以用其他可以倒扣成碗状的蘑菇代替口蘑，比如新鲜香菇等。

营养贴士

荸荠又称"马蹄"，可以做蔬菜也可以做水果。生吃脆嫩可口，清甜多汁。煮熟后，鲜甜中带着香糯，含有大量的碳水化合物、蛋白质以及多种维生素。

做法

❶ 猪肉剁成肉糜；荸荠洗净后去皮，切末。

❷ 将猪肉糜、荸荠末、生抽、盐、胡椒粉搅拌均匀，制成肉馅。

❸ 口蘑洗净，去蒂，小心力度，不要用力过大导致蘑菇碎裂。

❹ 将口蘑反过来，在伞把凹陷处填入制好的肉馅，将填好肉馅的口蘑呈小碗状倒放在盘中。

❺ 蒸锅内水烧开，放入菜盘，盖上锅盖，大火蒸 15 分钟左右，至肉汁浸入到蘑菇碗中，香浓鲜甜。

❻ 端出菜盘，撒上葱花即可。

入口即化的胶原蛋白

花生蒸猪蹄

🕐 120 分钟　🏠 简单

特色 |||||||||||||||||||||||||||||

猪蹄富含胶原蛋白，对皮肤很有好处，在经过 2 小时的蒸煮后，肉质更为软烂，入口即化。而花生米浸透了猪蹄的浓郁汤汁，更加香甜可口。

主料

猪蹄	500 克
花生米	80 克

辅料

生姜	10 克
料酒	1 汤匙
盐	2 茶匙

做法

❶ 猪蹄洗净后切块，生姜切片。

❷ 在汤碗中放入猪蹄、花生米，加入料酒、盐、姜片。

❸ 倒入 1000 毫升清水。

❹ 蒸锅倒入清水，放入汤碗，隔水大火蒸开，转小火，蒸120 分钟即可。

烹饪秘笈

花生米在烹饪过程中会吸水膨胀，可以根据自己喜欢的汤汁浓度，调整清水的比例。

特色

猪心肉质丰美，口感弹牙有嚼劲，且容易入味，搭配桂圆和红枣，可吸收食材天然的甜味。蒸制过程中所产生的蒸汽滴落碗中，形成自然的原汤，香浓美味、非常营养。

主料

猪心	1 个（约 200 克）
干红枣	5 颗
桂圆	5 颗

辅料

冰糖	10 克
生姜	10 克

用香甜的汤汁来配米饭

桂圆红枣蒸猪心

⏱ 60 分钟　　🍴 简单

烹饪秘笈

蒸煮过程中的蒸汽会流入碗中，蒸好后的猪心会有 1/3 左右的汤水，清甜可口，非常好喝。

做法

❶ 猪心切开，浸泡 10 分钟，洗净血水，沿着中心切成发散状的条状。

❷ 生姜洗净、切大片，红枣洗净，桂圆剥壳。

❸ 猪心垫入碗底，依次铺上生姜、红枣、桂圆，均匀撒上冰糖。

❹ 蒸锅内水烧开，放入菜碗，盖上盖子，大火蒸 30 分钟至红枣软烂、冰糖溶化进糖水中即可。

冬日温补气血的佳肴

清蒸羊肉

🕐 80 分钟　🏠 高级

特色

羊肉在经过花椒、八角的处理之后，去除了膻味，口感变得鲜嫩咸香，软烂入味，是冬季非常好的温补食材。

主料

羊后腿肉 500 克

辅料

香菜 1 根｜老姜 20 克
大葱 1 段（约 20 克）｜大蒜 5 瓣
桂皮 5 克｜八角 2 粒｜花椒 3 克
盐 6 克｜酱油 1 茶匙｜料酒 1 茶匙
胡椒粉少许

烹饪秘笈

1 羊肉表层如果有一层薄膜，要撕掉，因为这层薄膜有腥味。
2 香菜可以用葱花代替。

营养贴士

羊肉补气血，对于体虚的人群来说能起到强身健体的滋补作用，对于冬天怕冷、手脚冰冷的寒凉体质也有很好的调理效果。

做法

❶ 羊肉洗净后切成小块，焯水后洗净，沥干水分备用。

❷ 老姜切成大片；大葱切成长段的细丝状；香菜洗净后切碎；大蒜拍碎、去皮，整颗备用。

❸ 取一个汤碗，底部铺上一半的葱丝和姜片，放上羊肉、桂皮、八角、花椒。

❹ 蒸锅内水烧开，放入汤碗，大火蒸 20 分钟。

❺ 取出汤碗，除羊肉外，其他的配料弃用。

❻ 在羊肉上淋上酱油、料酒，撒上盐，搅拌均匀，上层铺上剩余的一半姜片、葱丝，以及大蒜。

❼ 蒸锅内水烧开，放上汤碗，中火蒸 30 分钟至羊肉软烂入味。

❽ 蒸好的羊肉撒上胡椒粉和香菜碎进行调味即可。

晶莹剔透、鲜嫩可口

白玉萝卜牛肉盅

🕐 40 分钟　🍴 高级

特色

这是一道利用食材本身作为容器，非常富有大自然野趣的菜式，用来招待客人也是非常有面儿的。清甜爽口的萝卜中填入了香浓的牛肉，再浇上鲜美浓稠的汤汁，口味真是一级棒。

主料

白萝卜 500 克 | 牛里脊肉 200 克

辅料

火腿肠 30 克 | 淀粉 1 茶匙
料酒 1 茶匙 | 生抽 1 茶匙
姜末少许 | 盐 1/2 茶匙
白胡椒粉 1/2 茶匙 | 葱花少许

烹饪秘笈

1 塑形状的模具在网上可以购买，对于做蒸菜来说，这是常用的工具。准备两个大小差别较大的模具，以免白萝卜筒太薄。

2 加入火腿肠丁是为了视觉上的搭配，因此只需少量、切小丁即可。

营养贴士

牛肉的蛋白质含量高于普通肉类，而且脂肪含量低，经常食用可强身健体。白萝卜富含多种维生素，能增强身体免疫力。

做法

❶ 牛肉剁成肉糜，加入盐、生抽、料酒、姜末搅拌均匀，做成馅料。

❷ 火腿肠切成小丁备用。

❸ 白萝卜洗净、去皮，切成圆段，用大号模具取出整齐圆筒形。

❹ 再用小号模具取出白萝卜心。

❺ 把做好的肉馅填满到萝卜筒里，摆入盘中。

❻ 蒸锅内水烧开，大火将萝卜筒蒸 10 分钟，取出。

❼ 淀粉和清水以 1：2 的比例倒入锅中，搅拌均匀，撒入白胡椒粉、火腿丁，大火烧开，形成浓稠的汤汁。

❽ 将淀粉汤汁均匀淋在萝卜盅上，撒上葱花即可。

辛香浓郁的开胃菜
咖喱牛腩煲

🕐 120 分钟　🔺 高级

特色

咖喱的种类丰富，可以根据自己的口味选择辣或者不太辣的。牛腩的营养丰富，蒸煮之后软烂入味，肥瘦相间使得味觉层次丰富。土豆吸收了香浓的汤汁，香甜饱腹，配上米饭，简直是不可抗拒的美味。

主料

牛腩 250 克 ｜ 咖喱块 20 克
洋葱 80 克 ｜ 土豆 100 克
胡萝卜 1 根（约 100 克）

辅料

生姜 10 克 ｜ 盐 1 茶匙

做法

❶ 牛腩切成小方块，放入开水中焯熟，过冷水洗净，沥干备用。

❷ 洋葱洗净，竖刀切片；土豆、胡萝卜洗净，切小块。

❸ 将除了咖喱块之外的所有材料放入碗中混合均匀，加入清水 1000 毫升。

❹ 蒸锅内倒入清水，菜碗隔水大火烧开，中途加入咖喱块搅拌，让其均匀溶化在汤汁中。

❺ 转中小火，蒸煮 90 分钟左右至汤汁明显浓稠、牛腩软烂入味即可。

烹饪秘笈

1 咖喱块的辣味分为不同程度，可根据个人喜好选择。

2 牛腩越烂越入味，但是可以根据自己喜欢的口感程度调整蒸制的时间。

3 如果牛腩已经蒸到想要的程度，可是锅里的咖喱汤还比较多、不够浓，可以打开锅盖，开大火蒸几分钟，帮助水分快速蒸发。

特色

彩椒不但颜色鲜亮好看，而且富含维生素等多种营养。牛里脊肉热量低，含有丰富的蛋白质。两种食材搭配，不但营养丰富全面，而且美观好看，非常适合摆盘造型。

主料

牛里脊肉 200 克
红黄绿彩椒各 1 个

辅料

蒜蓉 1 茶匙｜姜末 1 茶匙
生抽 1 茶匙｜盐 3 克
黑胡椒粉少许｜葱花少许
植物油 1 茶匙

五颜六色、活力十足
彩椒牛肉盒
🕐 40 分钟　🔺 中等

烹饪秘笈

1 应选择个头较大，大小匀称的彩椒。
2 牛肉也可以替换成其他肉类，比如猪肉。

做法

❶ 彩椒洗净后对半剖开，去蒂，挖去中间的子。

❷ 牛肉剁成肉糜，拌入蒜蓉、姜末、生抽、盐、植物油、黑胡椒粉、葱花，顺时针用力搅拌上劲，制成肉馅。

❸ 将肉馅填满彩椒内部，放入盘中。

❹ 蒸锅内水烧开，放入菜盘，大火蒸 15 分钟即可。

口感丰富、清爽弹牙

五彩杂蔬牛肉丸

🕐 50 分钟　🔺 中等

特色

配菜的颜色丰富多彩、口感也清甜爽口，搭配弹牙有嚼劲的牛肉丸，无论从视觉还是营养上，都是完美的组合，只需加上少许基础调味品，就是一道好菜。

主料

牛肉糜 200 克 | 鸡蛋 1 个
玉米粒、胡萝卜、青豆各 30 克

辅料

盐 1 茶匙 | 黑胡椒粉 1/2 茶匙

烹饪秘笈

1 可以用其他肉类代替牛肉，比如猪肉、鱼肉等，举一反三，做成其他菜式。
2 可以挑选自己喜爱的蔬菜进行替换，颜色五彩美观即可。

营养贴士

牛肉是低脂肪高蛋白的肉类，不但能强身健体，而且口味香浓。玉米清甜芳香，口感脆嫩，含有丰富的维生素和微量元素，又极易被人体吸收，是非常优质的粗粮。

做法

❶ 胡萝卜洗净切碎。

❷ 鸡蛋打散，混合牛肉糜搅拌均匀。

❸ 加入胡萝卜碎、玉米粒、青豆拌匀。

❹ 加入盐、黑胡椒粉，搅拌均匀。

❺ 将拌好的馅捏成大小均匀的丸子，摆入盘中。

❻ 上大火蒸 20 分钟即可。

香麻软烂有嚼劲
五香牛蹄筋

🕙 90 分钟　🔺 中等

特色

牛蹄筋含有丰富的胶原蛋白且不含胆固醇。牛蹄筋本身极具韧性，要经过蒸煮等加工后，方变得软烂可口，嫩滑不腻。

主料

牛蹄筋 200 克

辅料

五香粉 10 克 | 花椒 2 克 | 盐 3 克
生抽 1 茶匙 | 辣椒粉 1 茶匙
蒜蓉 1 茶匙 | 姜末 1 茶匙
葱花少许

做法

❶ 牛蹄筋洗净，切段。

❷ 将备好的牛蹄筋拌入辅料（除葱花外），搅拌均匀，腌制 20 分钟。

❸ 蒸锅内水烧开，放入菜盘，盖上锅盖，转中火蒸制60分钟，至牛蹄筋软烂入味。

❹ 撒上葱花即可。

烹饪秘笈

可以购买市售洗净、剥好的成品牛蹄筋。

特色

肥牛口感细嫩、鲜美多汁，包裹着柔韧爽滑的金针菇，一口下去，清甜的汤汁在嘴里蔓延开来，让你吃得停不下来。

主料

市售肥牛卷 100 克 | 金针菇 200 克

辅料

黑胡椒粉 1 茶匙 | 盐 1 茶匙
生抽 1 茶匙 | 葱花少许

爽滑鲜美的牛肉卷
金针菇肥牛卷

⏱ 50 分钟　🍳 中等

烹饪秘笈

用肥牛卷裹金针菇的时候，需注意力道，力道太大容易破裂，而力道太小则会松散。可以用一根牙签插进牛肉卷中间进行固定。

做法

❶ 金针菇洗净，切除根部，沥干水分，加入一半的盐腌 10 分钟。

❷ 肥牛卷加入黑胡椒粉、一半的盐腌制 10 分钟。

❸ 金针菇挤干水分，裹入肥牛卷中，卷紧，整齐摆入餐盘中。

❹ 蒸锅内水烧开，放入餐盘，大火蒸 15 分钟至金针菇与肥牛的汤汁融合。

❺ 在蒸好的金针菇肥牛卷上淋上生抽、撒上葱花装饰即可。

浓郁香甜的佳肴

白萝卜蒸牛腩

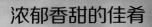 150 分钟　　 中等

特色

白萝卜清甜脆爽，牛腩则肥瘦相间、香浓有嚼劲。经过长时间蒸制后，牛腩软烂香浓，白萝卜浸透汤汁，更加入味，蔬菜的清甜和肉类的醇香结合得恰到好处。

主料

牛腩 250 克
白萝卜 1 个（约 500 克）

辅料

生姜 20 克｜盐 8 克
生抽 1 茶匙｜料酒 1 茶匙
胡椒粉少许｜葱花少许

烹饪秘笈

1 牛腩蒸 90 分钟，会获得比较软烂的口感，如果喜欢有韧劲一些的，可以适当缩短蒸制时间，但要保证牛腩能用筷子扎进去，这才算熟了。

2 做法中加入了 1000 毫升清水，也可根据自己喜欢的汤汁浓度进行增减。

营养贴士

白萝卜有止咳、消炎、化痰的功效，有"小人参"之称，是冬季里不可缺少的一款养生蔬菜，和营养丰富、嫩滑多汁的牛腩一起蒸制，非常滋补。

做法

❶ 牛腩洗净，切小方块，用清水浸泡 10 分钟，泡出血水后洗净备用。

❷ 白萝卜洗净后切成小方块，生姜切成大片。

❸ 牛腩用生抽、料酒腌制 20 分钟。

❹ 腌制好的牛腩和白萝卜混合，倒入 1000 毫升清水，撒上盐，放入姜片，搅拌均匀。

❺ 蒸锅倒入清水，放入菜碗，隔水蒸至水开，转中小火蒸 90 分钟至牛腩软烂、萝卜香甜入味。

❻ 在蒸好的牛腩上撒上胡椒粉和葱花即可。

鲜香润滑的传统杭帮菜
西湖牛肉羹

🕐 50 分钟　🏠 高级

特色

口感鲜美细滑、汤汁香浓润喉。翠绿的葱花和丝丝金黄的蛋花点缀于汤羹中，若隐若现，非常好看，这也是江浙一带的传统名菜。

主料

牛里脊肉 100 克 | 鲜香菇 3 朵
鸡蛋清 1 个

辅料

料酒 1 茶匙 | 姜末 1 茶匙
盐 1 茶匙 | 淀粉 1 茶匙 | 香菜 1 根
胡椒粉少许

烹饪秘笈

1 牛肉和香菇都要切得越细越好。
2 倒入蛋清的时候动作要迅速，搅拌要均匀，形成一丝丝的羹状蛋花。

营养贴士

牛肉和鸡蛋中均含有丰富的蛋白质，加上食材处理得细碎均匀，并加以胡椒粉调味，使得这道汤羹营养丰富、易于消化、很是暖胃。

做法

❶ 牛肉切成肉末，加入料酒腌制 10 分钟，挤干多余的水分后备用。

❷ 香菇洗净、去蒂、切碎；香菜洗净后切碎。

❸ 淀粉加入少许水，搅拌均匀；鸡蛋清搅拌打散。

❹ 牛肉放入汤碗中，加入 500 毫升清水，放入姜末和香菇碎，撒上盐。

❺ 蒸锅内水烧开，放入汤碗，大火蒸 15 分钟。

❻ 打开锅盖，将打散的蛋清倒入汤碗内，搅拌均匀。

❼ 拌好的水淀粉倒入汤碗，拌匀，略蒸片刻，关火。

❽ 撒上胡椒粉和香菜碎进行调味和装饰即可。

清爽碧绿，健体开胃

翡翠牛肉卷

🕐 40分钟　🏠 中等

特色

夏季总是让人食欲不振，如果不好好吃饭，体质也会变差，而牛肉富含蛋白质，是补充体力、增强体质的好选择。丝瓜在夏季最为丰美，肉质醇厚细腻，清爽鲜甜。这两种食材的搭配，不但清爽好看，而且于健康也大有好处。

主料

丝瓜1根（约500克）
牛里脊肉150克 | 鸡蛋1个

辅料

料酒1茶匙 | 盐3克 | 生抽1茶匙
胡椒粉少许

做法

❶ 丝瓜削皮，洗净后切成5厘米高的小段，掏空中心，形成空心圆柱体。

❷ 牛里脊肉剁成肉糜，加入鸡蛋搅拌均匀。

❸ 在肉糜中加入料酒、盐、生抽、胡椒粉，顺时针用力搅拌上劲，制成肉馅。

❹ 将制好的肉馅填入丝瓜筒中，整齐摆入盘中。

❺ 蒸锅内水烧开，放入菜盘，盖好锅盖，大火蒸15分钟左右，至丝瓜熟透、牛肉汤汁溢出即可。

烹饪秘笈

1 尽量选择长条、头尾粗细较为匀称的丝瓜，方便切成筒状，大小适宜美观。

2 也可以用猪肉代替牛肉，举一反三，做成其他菜式。

秋风起、蟹脚痒

清蒸大闸蟹

🕐 40 分钟　🍴 简单

特色

每年 10 月左右，秋风徐徐、菊花清香，酌以黄酒，清蒸一屉膏脂丰美的大闸蟹，实在是最好的口福。大闸蟹一定要选鲜活的，死掉的不论在营养、口感上都大打折扣。螃蟹虽美味，但性寒，需要配姜驱寒，而孕妇及体虚、体寒者不宜食用。

主料

大闸蟹 4 只

辅料

细香葱 1 小把（约 20 克）

老姜 1 块（约 50 克）

香醋适量

烹饪秘笈

1 大闸蟹性寒，不宜过量食用，而生姜能帮助驱寒，一定要搭配起来吃。
2 蒸螃蟹的时间不要过久，蒸过头肉就懈掉了。

营养贴士

大闸蟹膏肥味美，热量较低。其富含蛋白质和多种微量元素。不过蟹黄中的胆固醇含量较高，一天食用不宜超过 3 只。

做法

❶ 购买鲜活的大闸蟹。

❷ 不要解开绑好的绳子，直接用刷子将螃蟹洗刷干净，螃蟹肚子上的一块可以揭开的三角形壳也要打开刷干净，这是比较容易藏泥沙的部位。

❸ 细香葱洗干净，整根绕一圈打成葱结；老姜削皮，取一半切大片，一半切成姜蓉。

❹ 蒸锅内水烧开，将洗刷好的螃蟹放进蒸锅，放上葱结和姜片，大火蒸 10~15 分钟。

❺ 将香醋和姜蓉拌匀，调成酱汁，吃螃蟹的时候蘸着吃即可。

造型可爱、蒜香浓郁
蒜蓉扇贝

🕐 40分钟　🍴 简单

特色

扇贝的造型可爱，肉质细嫩弹牙，易入味，调味的大蒜炒香后香浓扑鼻，铺在扇贝上进行蒸制，使得蒜香味一层层浸透至扇贝、粉丝当中，而粉丝完美地吸收了蒜香和扇贝汤汁的鲜甜，细滑爽口。

主料

扇贝 10 个｜干粉丝 80 克

辅料

料酒 1 茶匙｜橄榄油 1 汤匙
大蒜 10 瓣｜蒸鱼豉油 1 茶匙
盐 1 茶匙｜葱花适量｜胡椒粉少许

烹饪秘笈

购买扇贝的时候请商家帮忙开壳，处理干净。也可以在超市购买冰鲜扇贝。

做法

❶ 将扇贝肉从壳中取出，洗净后用料酒腌制 10 分钟；扇贝壳刷干净备用。

❷ 粉丝用温水浸泡半小时，沥干水分备用；大蒜切成蒜蓉。

❸ 锅内放入橄榄油烧热，放入蒜蓉小火炒香，盛出。

❹ 炒好的蒜蓉加入蒸鱼豉油、盐、葱花搅拌均匀，制成蒜蓉汁。

❺ 将泡好的粉丝分成 10 份，放入扇贝壳中，铺上腌制好的扇贝肉。

❻ 将蒜蓉汁均匀浇在每一个扇贝肉上，放入盘中摆好。

❼ 蒸锅内水烧开，放上菜盘，盖上锅盖，大火蒸 10 分钟。

❽ 蒸好的扇贝撒上少许胡椒粉调味即可。

鲜美异常、芬芳满溢
酒蒸蛤蜊
🕑 40 分钟（不含浸泡时间） 🔥 高级

特色

蛤蜊肉质弹牙、鲜美滑嫩，配以酒蒸之后，香气浓郁醉人，更为鲜美可口。

主料

花蛤 700 克 | 清酒 50 毫升

辅料

大蒜 5 瓣 | 干红椒 2 根
姜末 20 克 | 盐 1/2 茶匙
植物油 1 汤匙 | 葱花 20 克

烹饪秘笈

1 花蛤肉质肥厚，个头比较大，如果买不到花蛤，可以用其他的蛤蜊代替。

2 购买花蛤的时候，选择花蛤肉伸出贝壳外的、在吐水的最新鲜。

3 菜谱使用的是日本清酒，也可以用中国的米酒、花雕酒代替，如果是白酒，则把分量降低到 20 毫升即可。

4 蒸好后的花蛤，如果壳是关闭，没有自动打开，就不要吃了，这表示花蛤不新鲜了。

营养贴士

蛤蜊脂肪含量很低，但所含的钙质高于一般海鲜，并含有多种易被人体吸收的微量元素。

做法

❶ 花蛤用清水搓洗干净，浸泡在清水中，加入盐、滴入两滴植物油、静置 2 小时，让花蛤吐沙。

❷ 干红椒切成两段，挤出辣椒子；大蒜用刀背拍碎，去皮备用。

❸ 锅内加入植物油烧热，将干红椒、大蒜和姜末爆香，盛出备用。

❹ 浸泡好的花蛤，沥干水分，放入碗中，放上爆好的作料，倒入清酒。

❺ 蒸锅内大火烧开，放入菜碗，大火蒸 15 分钟，至花蛤的壳全部受热爆开。

❻ 蒸好后的花蛤，撒上葱花即可。

香味独特的异域菜肴

九层塔蒸青口

🕐 20 分钟　🏠 中等

特色

青口的肉质肥美、鲜嫩细滑。配以白酒去腥提鲜，用九层塔出众的香味进行调味，口感清香、回味无穷。

主料

青口贝 500 克

九层塔 1 小把（约 20 克）

辅料

蒜蓉 1 茶匙 ｜ 黑胡椒粉 1 茶匙

盐 1/2 茶匙 ｜ 白酒 1 汤匙

烹饪秘笈

1 白酒是比较好购买的配料，如果有白兰地则更佳。
2 冰鲜青口一般在超市冷冻区都有售卖。

营养贴士

青口富含蛋白质和人体所需的多种微量元素，是一种营养丰富、能增强体质的优质海鲜。

做法

❶ 青口解冻后，用刷子将外壳洗刷干净，沥干水分备用。

❷ 九层塔择去粗梗，洗净备用。

❸ 将沥干水分的青口放入盘中，撒上蒜蓉、盐，淋上白酒拌匀。

❹ 蒸锅内水烧开，放入菜盘，大火蒸 10 分钟。

❺ 打开锅盖，撒上九层塔，继续大火蒸 2 分钟。

❻ 蒸好后的青口，撒上黑胡椒粉进行调味即可。

豪华的待客大餐
蒜蓉蒸龙虾

🕐 60 分钟　🏠 高级

特色

造型华丽大气，适合待客。龙虾肉质鲜嫩、紧实弹牙，在放入多种调料蒸制后，香味浸透至肉中，非常美味。

主料

中等大小的龙虾 1 只

辅料

植物油 1 汤匙｜蒜蓉 50 克
盐 1 茶匙｜生抽 1 茶匙
淀粉 1 汤匙｜黑胡椒粉少许
葱花少许

烹饪秘笈

1 选择个头中等的龙虾，2 斤左右的即可。
2 虾鳌可以用来煮粥或者熬汤，不要浪费了。

营养贴士

大龙虾含有丰富的钙质和蛋白质，且脂肪含量低，是很营养健康的食材。

做法

❶ 龙虾对半剖开，去除虾线和胃囊，剪去虾须和虾鳌。

❷ 锅内放入植物油烧热，放入蒜蓉炒至金黄焦香，盛起备用。

❸ 将生抽、盐均匀地抹在龙虾肉上。

❹ 在龙虾肉上均匀撒淀粉、铺上蒜蓉，最上层撒葱花。

❺ 蒸锅内水烧开，放入菜盘，大火蒸 15~20 分钟。

❻ 在蒸好的龙虾上撒黑胡椒粉即可。

高蛋白高钙质的海鲜大餐
蒜蓉粉丝蒸虾

🕐 50 分钟　🔺 中等

特色

富贵大气的造型，适合摆成花开的形状，特别喜庆，招待客人很拿得出手。虾肉弹牙、粉丝浸透了汤汁的香浓和蒜蓉的辛辣，十分开胃。

主料

新鲜大虾 500 克

干粉丝 20 克

辅料

生抽 1 茶匙 | 白胡椒粉 1 茶匙

植物油 1 汤匙 | 蒜蓉 20 克

蚝油 1 茶匙 | 盐 1/2 茶匙

葱花少许

烹饪秘笈

虾尾用刀背拍一下，摆盘的时候更平稳、好看。

营养贴士

虾肉富含蛋白质和多种矿物质，营养极为丰富，而且脂肪含量低，不会给身体带来额外的负担。

做法

❶ 干粉丝用温水泡软，加入生抽、白胡椒粉拌匀。

❷ 新鲜大虾开背，去掉虾线，保留虾头和虾尾。

❸ 热锅放入少许植物油，加入蒜蓉、盐爆香，盛出备用。

❹ 将拌匀的粉丝均匀铺在盘中，大虾摆在粉丝上。

❺ 爆香的蒜蓉淋在大虾上，淋上蚝油。

❻ 锅内烧开水后，虾上锅大火蒸 10 分钟，撒上葱花即可。

清热祛暑的家常海鲜
清蒸丝瓜虾仁

🕐 40分钟　　🔺 中等

122

特色

丝瓜是夏季的时令蔬菜之一，清甜细嫩，搭配甜美弹牙的虾仁，膳食结构更加合理，也是孩子们很爱吃的家常海鲜的做法。

主料

丝瓜 1 根（约 300 克）

虾仁 80 克

辅料

料酒 1 茶匙｜姜末少许

盐 1 茶匙｜蒜蓉少许

生抽 1 茶匙｜黑胡椒粉少许

烹饪秘笈

1 购买丝瓜的时候，用手掂掂，同样大小的丝瓜，分量越重，水分越足。

2 可以购买市售成品虾仁，方便烹饪。

营养贴士

丝瓜的膳食纤维含量丰富，能帮助肠胃增加动力，消暑开胃，促进消化。

做法

❶ 丝瓜削皮，切成均匀的圆筒状。

❷ 虾仁解冻后，放入料酒、姜末腌制 15 分钟，沥干水分备用。

❸ 丝瓜筒均匀抹上盐，摆在盘中。

❹ 丝瓜上摆虾仁，撒上蒜蓉。

❺ 蒸锅内水烧开，摆上菜盘，大火蒸 15 分钟。

❻ 蒸好的虾仁上淋生抽、撒上黑胡椒粉调味即可。

用叶子卷着吃的海鲜

白玉鲜虾卷

🕐 50 分钟　🏠 高级

特色

鲜嫩脆爽的白菜叶在蒸制后变得晶莹剔透，虾仁裹在菜叶中，若隐若现，隐隐透出新鲜粉嫩，汤汁鲜美欲滴，诱人食欲。

主料

新鲜大虾 400 克 ｜ 大白菜叶 5 片

辅料

料酒、生抽、盐、淀粉、姜末、黑胡椒粉各 1 茶匙 ｜ 植物油 1 汤匙
葱花少许

烹饪秘笈

1 白菜叶在焯水的过程中，不要时间过长，感觉到叶子发软即可，作用是让叶子在卷虾蓉的时候韧劲更好，不易折断。

2 如果在裹虾蓉的时候，叶子容易散开，也可以用牙签插入中间固定，蒸好后取出即可。

做法

❶ 鲜虾洗净后去壳，去掉虾线，将虾仁剁成虾蓉。

❷ 虾蓉加入生抽、料酒、一半黑胡椒粉和一半盐，顺时针用力搅拌上劲。

❸ 大白菜去掉白菜帮，留下菜叶，放入开水中焯到稍微变软，沥干水分，切成宽度为七八厘米的长条形。

❹ 将搅拌好的虾蓉卷进白菜里裹好，整齐放入菜盘中。

❺ 蒸锅内水烧开，放入菜盘，大火蒸 10 分钟。

❻ 另取一口锅，倒入植物油烧热，放入姜末炒香，加入 100 毫升开水烧开，加入淀粉搅拌均匀，撒上剩余盐，形成黏稠的汤汁。

❼ 在汤汁中撒入葱花和剩余黑胡椒粉，浇至蒸好的虾仁卷上即可。

丝丝不断，弹牙爽滑

奶酪虾丸

🕐 30分钟　　🔺 中等

特色

香浓黏稠的奶酪融化在嘴里，配合鲜美弹牙的虾仁，一口一个，满嘴香甜满足。

主料

大虾 500 克 | 奶酪 50 克
生菜 1 棵 | 鸡蛋 1 个

辅料

淀粉 1 汤匙 | 盐 1 茶匙
料酒 1 茶匙 | 姜蓉 1 茶匙
黑胡椒粉少许

烹饪秘笈

1 奶酪可在超市购买，有方片状
  的，也有切成丝状的。
2 奶酪有含盐和无盐两种，均可以
  使用。

营养贴士

奶酪是浓缩的奶制品，因此营养
价值也是普通牛奶的数倍，含有
大量的蛋白质、钙质、维生素等
成分，不但营养丰富，而且香味
浓郁，口感丝滑，让人欲罢不能。

做法

❶ 大虾洗净、去壳，去除虾线，
剁成虾蓉。

❷ 奶酪切成细条备用。

❸ 虾蓉内打入鸡蛋、加入所有
的辅料，顺时针用力搅拌上劲。

❹ 虾蓉捏成均匀的丸子大小，
整齐放入餐盘。

❺ 蒸锅内水烧开，放入餐盘，
大火蒸 10 分钟。

❻ 取一个盘子，铺上洗好的生
菜作为垫底。蒸好的丸子夹出
来摆在生菜上。

❼ 迅速将奶酪条撒在虾丸上，
让奶酪趁热融化即可。

嫩滑多汁的豆制品大餐
鲜虾豆腐煲

⏱ 50 分钟　　🍲 中等

特色

经过蒸制，大虾鲜美的汤汁完全浸入到底部的豆腐当中，豆腐细腻顺滑，大虾鲜甜美味，忍不住就想搭配米饭或者面条，美美地吃上一顿。

主料

新鲜大虾 300 克
豆腐 500 克

辅料

料酒 1 茶匙｜盐 1 茶匙
白胡椒粉少许｜老姜 3 片
生抽 1 茶匙｜葱花少许

烹饪秘笈

1 可以根据个人喜好选择豆腐，老豆腐、嫩豆腐都可以。
2 喜欢吃辣的可以放上几根小米辣，或在豆腐那一层撒一些辣椒粉。

营养贴士

豆腐是最常见的豆制品，价格便宜且营养价值极高，含有大量微量元素和蛋白质，除此之外，豆腐含钙量丰富，对牙齿、骨骼的生长发育都极为重要，加上其柔软细嫩好吸收的特征，非常适合老人和小孩食用。

做法

❶ 新鲜大虾洗净后剪掉虾须，去掉虾线。

❷ 处理好的大虾用料酒、盐、白胡椒粉腌制 10 分钟。

❸ 豆腐沥干水分，切成稍厚的方片。

❹ 将豆腐方片垫入碗内底部，上面放上腌制好的大虾，淋生抽、摆姜片。

❺ 蒸锅内倒入清水，放入菜盘，大火将水烧开后，转中火蒸 30 分钟。

❻ 蒸好后的豆腐煲上撒葱花装饰即可。

129

柔滑鲜嫩的高蛋白布丁
蒸玉子豆腐虾仁

🕐 40 分钟　📶 高级

特色

玉子豆腐具有凝脂般洁白晶莹的外形，爽滑鲜嫩如同布丁一般的口感和清香诱人的香气。在柔滑的表面放上一颗虾仁，营养更为丰富，且摆盘如同甜品般精巧。

主料

玉子豆腐 3 条 | 虾仁 150 克

辅料

白萝卜 50 克 | 豌豆粒 10 克
料酒 1 茶匙 | 生抽 1 茶匙
姜末 1 茶匙 | 黑胡椒粉少许

烹饪秘笈

1 虾仁可以保留虾尾，作为造型的装饰，如果是为了方便入口，则可以去掉虾尾。
2 玉子豆腐非常细滑柔嫩，虾仁也很容易蒸熟，所以不宜蒸制时间过长。

营养贴士

玉子豆腐不含豆类成分，是以鸡蛋为主要原料制作加工而成，因此营养成分类似鸡蛋，含有丰富的蛋白质和多种微量元素，营养非常丰富。

做法

❶ 白萝卜切成圆形薄片状，玉子豆腐切成高度一样的圆筒状。

❷ 将白萝卜片垫在玉子豆腐底部，均匀摆在盘中。

❸ 虾仁加入料酒、姜末、生抽拌匀，腌制 15 分钟。

❹ 将腌制好的虾仁一个一个摆放在每一块玉子豆腐上，虾仁中间摆上一颗豌豆粒装饰。

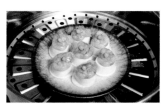

❺ 蒸锅内水烧开，放入菜盘，大火蒸 8 分钟。

❻ 蒸好的虾仁上撒少许黑胡椒粉调味即可。

营养丰富、清甜肥美
清蒸鲈鱼
🕐 40 分钟　🍴 中等

特色

鲈鱼的鱼肉细嫩、洁白、易消化，刺少。清蒸的方式最能锁住鱼肉的营养，并且能保留鱼肉原本的清甜鲜美。

主料

鲈鱼 1 条（约 700 克）

辅料

生抽 1 汤匙 ｜ 生姜 20 克
细香葱 20 克 ｜ 植物油 20 克

烹饪秘笈

1 油一定要加热至冒烟的滚烫状态，趁热浇在鱼上，听到"刺啦"一声，香味就出来了。
2 如果是小一点的鲈鱼，蒸 15 分钟即可。

营养贴士

鲈鱼富含蛋白质和多种微量元素，口感清甜、鲜美，刺少，非常适合老人、小孩食用，可增强体质和免疫力。

做法

❶ 鲈鱼洗净后，在两面的鱼身上各划上两道刀口。

❷ 生姜一半切大片，一半切姜丝。细香葱的葱白切小段，葱绿部分切成葱花。

❸ 鲈鱼摆入盘底、在鱼肚和盘底上均匀铺上葱白和姜片。

❹ 蒸锅内水烧开，将菜盘摆入锅内，盖上锅盖，大火蒸 20 分钟。

❺ 将盘中的葱段、姜片、汤汁弃用，撒上葱花和姜丝。

❻ 生抽和凉白开按照 1 ∶ 1 的比例对好，均匀淋在鱼上。

❼ 锅内倒入植物油，加热至冒烟的滚烫状态，趁热浇在鱼上即可。

来自深海的馈赠
蚝汁多宝鱼

⌙ 30 分钟　　⌂ 中等

特色

多宝鱼很适合清蒸的烹饪方式，汤汁甜美、肉质洁白细嫩，整条鱼的摆盘造型也非常大气美观。

主料

多宝鱼1条（约600克）

辅料

蚝油1汤匙 | 生抽1茶匙
生姜20克 | 大葱20克
植物油20克

烹饪秘笈

1. 多宝鱼一般以冰鲜的方式售卖，鱼眼清亮、鱼鳃为正常鲜红色的，就是新鲜的。
2. 购买多宝鱼的时候让店家加工好，比如去鳃、去内脏等。
3. 蚝油和生抽含盐分，所以蒸鱼的过程中不用再加盐。
4. 弃用蒸好的鱼肉汤汁这一步很重要，否则汤汁中会带有一些鱼腥味。

营养贴士

多宝鱼属于深海鱼类，皮下组织中含有丰富的胶质蛋白。这种鱼类的胶质，不但美容养颜、滋补健身，而且口感鲜美嫩滑。多宝鱼还含有大量的蛋白质和微量元素，营养价值非常高。

做法

❶ 多宝鱼洗净后，在两面的鱼身上各划上两道刀口。生姜一半切大片，一半切细丝。大葱切成长条细丝。

❷ 将多宝鱼摆在盘中，在盘底、鱼肚上均匀铺上姜片和一半分量的细葱丝。

❸ 蒸锅内水烧开，将菜盘摆入锅内，盖上锅盖，大火蒸15~20分钟。

❹ 将盘中的葱丝、姜片、汤汁弃用，撒上剩余的细葱丝和姜丝。

❺ 蚝油、生抽和凉白开按照1：1的比例调好，淋在鱼上。

❻ 锅内倒入植物油，加热至冒烟的滚烫状态，趁热浇在鱼上即可。

低脂高蛋白的健身餐
柠檬鳕鱼柳

🕐 30 分钟　　🥢 简单

特色

鳕鱼是深海鱼类，蛋白质含量高，而脂肪的含量却非常低，几乎可以忽略。鳕鱼口感鲜美，肉质丰厚，几乎没有鱼刺，所以也非常适合小朋友的口味。

主料

鳕鱼柳 200 克｜柠檬半个

辅料

姜丝 15 克｜葱丝 15 克
生抽 1 汤匙｜料酒 1 汤匙
黑胡椒粉 1 茶匙

做法

❶ 鳕鱼柳解冻，切成大方块，加入料酒和 1/2 茶匙黑胡椒粉腌制 10 分钟。

❷ 盘中垫入姜丝、葱丝，将腌制好的鳕鱼铺在上面。

❸ 蒸锅内水烧开，放入菜盘，大火蒸 15 分钟。

❹ 蒸好的鳕鱼，挤上柠檬汁，淋上生抽，撒上剩余黑胡椒粉调味即可。

烹饪秘笈

柠檬汁可以根据个人口味适量增减用量。

特色

香浓的椰浆配上香甜厚实的芒果肉，如同甜品一样的口感，不仅营养丰富，还可以让小朋友们爱上吃鳕鱼，更好地补充蛋白质。

主料

鳕鱼柳 200 克｜芒果肉 100 克
椰浆 100 克

辅料

盐 3 克｜胡椒粉 1 茶匙

像吃甜品一样
椰浆芒果蒸鳕鱼

🕐 50 分钟　🍴 中等

烹饪秘笈

椰浆可以选用市售罐头装泰国品牌的，也可以用普通椰汁代替，但是普通椰汁口感淡一些。

做法

❶ 芒果肉 50 克，加入椰浆，用料理机打成汁，剩余的芒果切成小丁。

❷ 鳕鱼柳切成大块，加入盐、胡椒粉拌匀，加入一半芒果椰浆汁，腌制 15 分钟。

❸ 蒸锅内水烧开，放入菜盘，大火蒸 15 分钟。

❹ 蒸好的鳕鱼淋上剩余的芒果椰浆汁，摆上芒果肉丁作为装饰即可。

少刺多肉，鲜美肥嫩
葱香带鱼

⏱ 50 分钟　▢ 中等

特色

带鱼除了一根主刺外，很少有刺，吃起来很方便。带鱼肉质肥美鲜嫩，用料酒和生姜去除其本身的腥气，只剩鲜香。

主料

带鱼 700 克

辅料

细香葱 50 克 | 老姜 3 片
生抽 1 汤匙 | 料酒 1 茶匙
盐 1 茶匙

烹饪秘笈

带鱼的腌制时间不宜过长，否则肉会散掉。

营养贴士

带鱼是深海鱼类，富含蛋白质和多种矿物质，并且含有独特的不饱和脂肪酸，能有效降低胆固醇，老人多吃带鱼可补脑补钙，对健康很有帮助。

做法

❶ 带鱼洗净后切成大段。

❷ 带鱼用料酒、生抽、盐拌匀后，腌制 20 分钟。

❸ 细香葱洗净，大部分切成长段，小部分切成葱花。

❹ 腌制好的带鱼沥去多余的水分，放入盘中，放入姜片、葱段。

❺ 蒸锅内水烧开，放入菜盘，大火蒸 15 分钟。

❻ 蒸好后的带鱼撒上葱花即可。

丰美多汁、满口鱼香
鱼香油面筋

特色

油面筋经过高温油炸，色泽金黄，表皮脆嫩，在蒸制的过程中，油面筋吸收了鱼肉的鲜美汤汁，口感变得柔软有韧劲。

主料

鱼肉 200 克 | 油面筋 10 个
新鲜香菇 5 朵

辅料

盐 1 茶匙 | 料酒 1 茶匙
姜蓉 1 茶匙 | 黑胡椒粉 1/2 茶匙
鸡精少许 | 淀粉 1 茶匙
生抽 1 茶匙 | 葱花少许

烹饪秘笈

1 可在超市购买整包成品油面筋。
2 鱼肉可以用猪肉、牛肉等其他肉类代替，举一反三，做成其他菜品。

营养贴士

油面筋含有丰富的植物蛋白质，鱼肉中也含有大量的蛋白质，两种蛋白质完美结合，可增强体质、提高免疫力。

做法

❶ 鱼肉剁成肉糜、加入盐、料酒、姜蓉、黑胡椒粉、鸡精搅拌均匀。

❷ 香菇洗净去蒂，剁成碎末，加入到鱼肉馅中搅拌均匀。

❸ 油面筋用筷子戳开 1 个口，将鱼肉馅填进去，整齐摆放在盘中。

❹ 蒸锅内水烧开，放入菜盘，大火蒸 15 分钟。

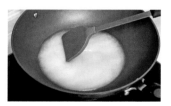

❺ 另取一口锅，倒入少许开水，加入淀粉搅拌均匀。

❻ 在水淀粉中加入生抽、葱花，调成汤汁，浇在蒸好的油面筋上即可。

鲜嫩爽口，清爽好看

黑胡椒鱼香塔

⏱ 50 分钟　🔺 高级

特色

洁白鲜嫩的鱼肉，搭配翠绿爽口的西蓝花，利用模具做出整齐鲜明的摆盘造型，不但营养健康，而且清爽好看。

主料

草鱼 1 条 | 西蓝花半朵

辅料

盐 1 茶匙 | 黑胡椒粉 1 茶匙
葱花少许 | 淀粉适量 | 生抽 1 茶匙
鸡精少许

烹饪秘笈

1 购买草鱼时，可以请商家帮忙处理鱼肉。
2 也可以购买市售的成品鱼肉，或用其他鱼类代替。
3 喜欢吃辣的可以在鱼肉中拌入辣椒粉。

营养贴士

西蓝花的口感脆嫩、富含多种维生素和膳食纤维，不但爽口好吃，又低卡饱腹，适合健身减脂、对健康养生有高要求的人群。

做法

❶ 草鱼洗净，去皮、去骨刺，将鱼肉剁成细细的鱼蓉。

❷ 鱼蓉中加入盐、黑胡椒粉、葱花，搅拌均匀。

❸ 加入适量淀粉，搅拌上劲，形成有黏性的、可以用手捏成形的黑椒鱼蓉。

❹ 西蓝花洗净，掰成小朵，入开水中焯熟，沥干水分备用。

❺ 取圆柱形模具，将黑椒鱼蓉填满后，扣在一个大盘中，整齐摆好。

❻ 蒸锅内水烧开，将菜盘放入，大火蒸 20 分钟，取出。

❼ 将西蓝花摆在鱼肉塔上进行装饰。

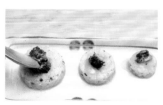

❽ 另取一口锅，加入少许开水，加入少许淀粉、鸡精搅拌均匀，加入生抽，制成浓稠的汤汁，浇在鱼肉塔上即可。

餐盘中的水墨画
太极海鲜蒸

🕙 60 分钟　　🔺 高级

特色

墨鱼肉弹牙筋道，龙利鱼细嫩肥美，一黑一白对比强烈，作为创意菜，摆盘很美观。

主料

墨鱼 150 克 | 龙利鱼 150 克
鸡蛋 2 个

辅料

盐 1 茶匙 | 黑胡椒粉 1 茶匙
姜蓉 1 茶匙 | 淀粉 1 茶匙
料酒 2 茶匙 | 生抽 1 茶匙
枸杞子 2 颗 | 植物油少许

烹饪秘笈

1 选择薄一点的 S 型的不锈钢模具，以免蒸好后取出造成比较大的空隙。
2 可以用其他白色鱼类代替龙利鱼，比如草鱼、鲈鱼等。

营养贴士

墨鱼滋阴养胃，肉质鲜香有弹性；龙利鱼肉质肥美，含有丰富的ω-3不饱和脂肪酸，可抑制眼睛里的自由基，对于长期使用电脑的上班族和学生来说，是特别好的护眼食品。

做法

❶ 墨鱼、龙利鱼分别剁成肉糜，分开装成两份。

❷ 每一份鱼肉分别加入一半的盐、植物油、黑胡椒粉、姜蓉、淀粉、料酒搅拌均匀。

❸ 鸡蛋打散，按照 1：1 的比例，在蛋液中加入清水，分成两份，加入两种鱼肉馅中，搅拌均匀。

❹ 取一个盘子，一个 S 型的分隔模具，将两种鱼肉馅分别填进去。

❺ 蒸锅内水烧开，放入菜盘，大火蒸 20 分钟。

❻ 取出蒸好的鱼肉，拿出分隔模具后，淋上生抽，在两边鱼肉的中心处各摆上一颗枸杞子作为点缀即可。

豉香四溢、香辣可口
香辣豆豉鳊鱼
🕐 50 分钟　　📊 中等

特色

豆豉是香味非常浓郁的调味品，加上干红椒蒸制，使得鲜嫩的鱼肉特别入味。

主料

鳊鱼 1 条（约 700 克）

辅料

盐 1 茶匙｜料酒 1 茶匙

豆豉 1 汤匙｜干红椒 4 根

细香葱 3 根｜生姜 20 克

蒸鱼豉油 1 汤匙｜植物油 1 汤匙

烹饪秘笈

1 鳊鱼是淡水鱼类，肉质鲜美肥嫩，购买时选择 2 斤以内的重量比较合适。

2 干红椒也可以用剁椒代替，辣味更为香浓。

营养贴士

鳊鱼又名"武昌鱼"，肉质细嫩，含有丰富的微量元素和维生素，高蛋白低胆固醇，又易于吸收，适合老人和孩子食用，能增强体质。

做法

❶ 鳊鱼洗净，两面的鱼背上用刀划上刀口，用盐和料酒腌制 15 分钟。

❷ 细香葱洗净，切成长段；生姜洗净，切细丝；干红椒切成小段。

❸ 将豆豉、干红椒和一半葱段、姜丝均匀铺在鱼肚和鱼背上，剩下的配料备用。

❹ 蒸锅内水烧开，放入菜盘，大火蒸 15~20 分钟。

❺ 蒸好后的鱼倒掉盘中的汤水，将葱段、姜丝弃用。

❻ 将剩余的姜丝、葱段摆在蒸好的鱼上，淋上蒸鱼豉油。

❼ 热锅中倒入植物油，加热至冒烟，趁热浇到鱼上即可。

酸辣开胃的经典湘菜
剁椒蒸鱼头
🕐 60分钟　⛰ 高级

特色

菜品摆盘大气、颜色鲜亮、香气浓郁。剁椒鱼头多采用鳙鱼鱼头，剁椒的酸辣经过蒸制之后，完美融合到鲜嫩的鱼头中，开胃过瘾。吃完鱼头后的鱼汤也别浪费，下入面条饱腹，更是完美。

主料

鳙鱼鱼头 1 个（700 克左右）

剁椒 100 克（带汤水）

辅料

盐 1 茶匙 ｜ 料酒 1 汤匙

黑胡椒粉 1 茶匙 ｜ 白酒 1 汤匙

大蒜 5 瓣 ｜ 葱段 20 克

姜丝 20 克 ｜ 蒸鱼豉油 1 茶匙

葱花少许 ｜ 植物油 1 汤匙

烹饪秘笈

1 要购买鳙鱼鱼头，普通的鱼头太小，肉少，不适合做这道菜。

2 剁椒内含有盐分，因此鱼头腌制好后，不需要在烹饪过程中再放盐。

3 最后加热的植物油一定要烧至冒烟，浇到鱼头上才香。

4 吃完后的鱼头汤汁，味道酸辣浓郁，用来拌面非常好吃。

做法

❶ 鳙鱼鱼头对半切开，洗净，用盐、料酒、黑胡椒粉腌制 20 分钟。

❷ 剁椒中加入白酒搅拌均匀；大蒜用刀背拍碎、去皮备用。

❸ 取一个大盘，垫入葱段、大蒜、姜丝，放上腌制好的鱼头，最上层均匀码上剁椒。

❹ 蒸锅内水烧开，放入菜盘，大火蒸 20 分钟。

营养贴士

鱼头的营养丰富，肉质鲜嫩，鱼鳃下透明的胶状物质不但鲜美细滑，而且含有丰富的胶原蛋白，能有效延缓衰老。尤其对用脑人群来说，是很好的保健食材。

❺ 蒸好的鱼头淋上蒸鱼豉油，撒上葱花。

❻ 另取一口锅烧热，倒入植物油，烧至冒烟，趁热浇到鱼头上即可。

农家特色的开胃下饭菜

香辣河鱼干

⏱ 30 分钟　　　中等

特色

新鲜的河鱼经过加工制成便于保存的鱼干，非常具有农家特色。河鱼干的肉质紧实，有嚼劲，属于腊味，因此多采用辛辣的方式再加工，是比较重口味的下饭菜。

主料

河鱼干 150 克

辅料

干红椒 3 根 ｜葱段 20 克
生姜 20 克 ｜大蒜 2 瓣 ｜料酒 1 茶匙
盐适量

做法

❶ 河鱼干洗净切段（如果是一条条的小河鱼，则保留完整的小鱼即可）。

❷ 干红椒切小段；生姜切成姜丝；大蒜用刀背拍碎，去皮。

❸ 将河鱼干放入碗底，倒入料酒和盐，加入干红椒、葱段、大蒜和姜丝。

❹ 蒸锅内水烧开，放入菜盘，中火蒸 20 分钟左右即可。

烹饪秘笈

干河鱼有些是有盐分的，在烹饪过程中则不必再加盐；如果是不含盐分的，则根据实际情况，适量加盐。

特色

这是一道方便易做的快手菜。富含蛋白质和脂肪的红肉、白肉，搭配富含维生素的蔬菜，令这道菜营养均衡，口感脆爽弹牙。一个个可爱的丸子，在摆盘时配以翠绿的西蓝花，非常精巧好看。

主料

市售牛肉丸、墨鱼丸、鱼丸各 5 颗
西蓝花 100 克

辅料

淀粉 1 茶匙 | 薄盐生抽 1 汤匙
胡椒粉少许 | 葱花少许

脆弹爽口的快手菜
丸子三拼

🕐 30 分钟　🏠 简单

烹饪秘笈

市售的丸子一般都含盐，因此不必再放盐，淋上生抽是为了给西蓝花和汤汁进行调味。如果是不含盐分的丸子，再根据实际情况适量加盐进行烹饪。

做法

❶ 西蓝花洗净后掰成小块备用。

❷ 淀粉对 50 毫升清水，搅匀成水淀粉。

❸ 丸子洗净，摆入盘中，盘中央摆入西蓝花。

❹ 蒸锅内水烧开，摆入菜盘，盖上锅盖，大火蒸15 分钟左右。

❺ 打开锅盖，迅速均匀地淋上水淀粉。

❻ 均匀淋上薄盐生抽，撒上胡椒粉和葱花进行调味即可。

金黄可爱的小太阳

香菇鹌鹑蛋

🕐 40 分钟　　👨 中等

特色

香醇的鹌鹑蛋和嫩滑的香菇结合，造型可爱，一口一个，非常受小朋友的欢迎哦。

主料

新鲜香菇 10 朵 | 鹌鹑蛋 10 颗

辅料

植物油 1 汤匙 | 盐、淀粉、生抽、姜末、蒜蓉各 1 茶匙

黑胡椒粉少许 | 葱花少许

烹饪秘笈

购买香菇的时候尽量选择大朵的，以免盛不下鹌鹑蛋。

营养贴士

鹌鹑蛋营养丰富，对女性来说有一定的养颜功效，其丰富的蛋白质和卵磷脂、维生素等营养物质对于睡眠不好，体质虚弱的人群也很有帮助。

做法

❶ 新鲜香菇洗净，去蒂。

❷ 将香菇的伞盖的凹陷部分冲上，向内磕入鹌鹑蛋。

❸ 将香菇鹌鹑碗均匀摆在盘中。

❹ 蒸锅内水烧开，放入菜盘，中火蒸 15 分钟。

❺ 另取一口锅，倒入植物油烧热，加入盐、蒜蓉、姜末炒香，淋入生抽。

❻ 炒香的配料中倒入 100 毫升清水烧开，加入淀粉，搅拌均匀形成调料汁。

❼ 将调料汁淋在蒸好的香菇鹌鹑蛋上，撒上黑胡椒粉、葱花进行装饰即可。

摆在盘中的秋日田园
香橙蒸蛋

🕐 20 分钟　🏠 简单

特色

用甜橙天然的造型做容器，蛋羹又带有甜橙的芬芳甘香和柔和梦幻的颜色，即使作为甜品也是极为出众的。

主料

鸡蛋 1 个 | 橙子 1 个

辅料

牛奶 50 毫升

烹饪秘笈

1 蛋液过筛可以使鸡蛋羹没有蜂窝状，更为嫩滑。
2 可以根据自己的口味添加细砂糖或盐。

营养贴士

橙子富含维生素 C，不但能提高身体免疫力，还能润肺止咳。这道点心是秋冬干燥季节给孩子润肺滋养的好选择。

做法

❶ 橙子切开顶部，掏出果肉榨汁，保留完整的橙子皮作为蛋液的容器。

❷ 牛奶和橙汁分别加热至温热，搅拌均匀。

❸ 鸡蛋打散，加入牛奶橙汁，搅拌均匀。

❹ 鸡蛋液过筛，倒入橙皮杯中，用保鲜膜封口。

❺ 上大火蒸 10 分钟即可。

细腻润滑，鲜嫩开胃

皮蛋蒸豆腐

⏱ 30 分钟　🍴 中等

特色

豆腐细腻柔滑，配以鲜辣的作料，十分开胃。这道菜摆盘整齐美观，而且简单易做。

主料

豆腐 1 盒（约 300 克）
皮蛋 2 个

辅料

植物油 1 茶匙｜干红椒 1 个
生抽 1 汤匙｜蒜蓉 1 茶匙
芝麻 1 茶匙｜葱花少许

烹饪秘笈

1 购买嫩豆腐，口感更为细腻柔和。
2 皮蛋本身含有盐分，而豆腐则用生抽进行调味，所以没有放盐，如果喜欢咸一点的口味，可以适当撒上一些盐。

营养贴士

皮蛋富含多种矿物质，能促进人体的消化吸收，增进食欲。豆腐中大量的钙质和蛋白质对人体十分有益。酸辣开胃的烹制方法使这道菜很适合作为餐前小食。

做法

❶ 豆腐洗净后沥干水分，铺在盘中，用刀划成小方块。

❷ 皮蛋去壳，切成小块，均匀码在豆腐上。

❸ 蒸锅内水烧开，放入皮蛋豆腐，大火蒸 10 分钟，沥出盘中过多的汤水,留取少量汤汁。

❹ 将生抽淋在蒸好的皮蛋豆腐上，撒上蒜蓉、葱花、芝麻。

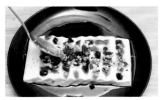

❺ 锅内倒入植物油烧热，放入蒜蓉、干红椒小火炒香，趁热浇到皮蛋豆腐上即可。

来自热带雨林的鸡蛋君

椰奶鸡蛋羹

⏱ 20 分钟　　简单

特色

用香浓的椰汁代替普通的清水，蒸制一碗柔滑清甜的蛋羹。家常菜式的常规做法，在细节上稍作改动，就能体验到不同的乐趣。

主料

鸡蛋 2 个 | 椰奶 150 克

辅料

盐少许

做法

❶ 鸡蛋打散，加入少许盐，搅拌均匀。

❷ 加入椰奶，用力搅拌。

❸ 用一个筛子过滤蛋液，这样蒸出来的蛋羹没有气泡，更加嫩滑。

❹ 过滤好的蛋液用保鲜膜密封，上蒸锅，大火蒸 10 分钟左右至蛋液凝固即可。

烹饪秘笈

1 过滤蛋液的筛子可以在网上买到，一般是不锈钢制成的，过滤后的蛋液不会有气泡和沫沫，整个蛋羹变得更为柔滑。

2 用保鲜膜密封是为了防止在蒸制过程中蒸汽滴落产生的表面蜂窝状，也是为了让蛋羹的口感更好。此法可以用于所有的鸡蛋羹的制作过程中。

Chapter

4

主食类

高颜值早餐
紫薯玫瑰卷
🕐 3 小时左右 🔺 高级

特色

利用紫薯本身的颜色，做成玫瑰花卷的造型，自带天然美颜功能。

主料

小麦面粉 200 克 | 紫薯 50 克

辅料

干酵母粉 3 克 | 细砂糖 10 克

烹饪秘笈

1 和面时根据紫薯水分含量，适量增减清水比例，以面团光滑不粘手为准。
2 卷花卷的时候稍微斜一点，这样卷出来的花瓣有高低错落的层次感。
3 蒸花卷的时候，花卷之间摆放的空隙要大一点，以免花卷膨胀后粘在一起。

营养贴士

小麦面粉的主要成分是碳水化合物和蛋白质，是日常不可缺少的主食之一。紫薯则富含膳食纤维和花青素。二者搭配，营养更加全面。

做法

❶ 紫薯洗净、削皮，上锅蒸熟，捣成泥状。

❷ 酵母加入 70 毫升温水化开，加入面粉、紫薯泥、细砂糖，用力揉成光滑的面团。

❸ 将面团放入盆中，用保鲜膜封口，在室温下发酵 90 分钟，发酵至差不多面团本身的两倍大小。

❹ 拿出发酵好的面团，继续揉压，挤出面团中的空气，让面团上劲。

❺ 将面团揉成长条，分成大小均等的剂子，大小根据自己的喜好决定。

❻ 将揉好的小面团搓成长条，用擀面杖擀扁。

❼ 将长条面皮从上到下卷起来，形成花朵造型，再醒发 15 分钟。

❽ 蒸锅内水烧开，将醒发完成的紫薯卷整齐摆入蒸锅中，大火蒸 15 分钟，关火，闷 3 分钟，防止花卷回缩。

快速补充能量
芝麻红糖馒头

🕐 3 小时左右　🔥 中等

特色

红糖馒头的口感松软香甜，蓬松如同面包，又多了一些嚼劲和回味，馒头的顶端再点缀以芝麻，丰富了口感，增加了香气。

主料

小麦面粉 300 克 | 红糖 30 克
黑芝麻 20 克

辅料

酵母粉 3 克

烹饪秘笈

1 蒸笼上垫上一层蒸布，能更好地防止馒头粘锅，如果没有蒸布，在蒸笼上刷上一层薄薄的植物油，也能起到防粘的作用。
2 春秋天是室温发酵最为适宜的季节，在夏天过热或者冬天过冷的时候，我们需要借助水盆隔水来帮助发酵，夏天可以缩短发酵时间至 60 分钟，冬天在大盆中放入温水进行隔水发酵，如果有带有发酵功能的烤箱也可以使用。

营养贴士

红糖的营养高于普通的细砂糖，但是热量相对较低。糖类搭配面粉，极易被人体吸收，能够迅速恢复血糖，特别适合快速补充能量。

做法

❶ 红糖加入 180 毫升清水，搅拌溶化，加入酵母搅拌均匀，制成糖浆。

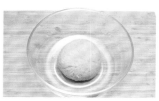

❷ 将小麦面粉、糖浆、适量清水用力搅拌，和成光滑不粘手的面团。

❸ 将面团放入盆中，盖上保鲜膜，室温发酵 90 分钟，至面团涨成两倍大。

❹ 发好的面团继续揉压，排出面团中的气体。

❺ 将面团分割成均匀的剂子，揉成大小均等的圆形，表面均匀裹上黑芝麻，继续发酵 30 分钟。

❻ 蒸锅内水烧开，将发酵好的面团整齐摆在蒸屉上，大火蒸 18 分钟，关火，闷 3 分钟左右，防止馒头缩小。

早餐桌上不可动摇的主食

鲜肉汤包

🕐 3 小时左右　🏠 高级

特色

皮薄馅大，一口咬下去，肉馅香浓多汁，十分满足。松软的外皮和鲜嫩的肉馅不论在口感还是在营养上都搭配得恰到好处，是历史悠久、极为经典的传统食物。

主料

小麦面粉 300 克｜猪肉糜 200 克
鸡蛋 1 个｜猪皮 100 克

辅料

干酵母粉 3 克｜大葱 50 克
盐 2 茶匙｜生抽 1 茶匙｜料酒 1 茶匙
姜末 1 茶匙｜黑胡椒粉少许

烹饪秘笈

1. 猪皮冻一定要冻好，包裹在馅内，才方便包包子。而在蒸熟后，猪皮冻就化成了汤汁，包子的口感就更浓郁多汁了。
2. 大葱可以更换成韭菜、香菇、玉米等自己喜欢的蔬菜，其他的做法是一样的。

做法

❶ 猪皮洗净后切小块，加入500 毫升清水，撒上少许盐，小火熬煮成浓汤（猪皮的胶感熬出来，汤汁浓缩到一半左右）。

❷ 猪皮弃用，汤汁冷去后放入冰箱冷藏，形成凝固的猪皮冻。

❸ 干酵母粉用少许清水化开，加入面粉、清水，和成光滑不粘手的面团。

❹ 将面团放入盆中，盖上保鲜膜，室温发酵 2 小时至面团膨胀到两倍大小。

❺ 大葱洗净后切成碎末，和入猪肉糜，磕入鸡蛋，加入盐、料酒、生抽、姜末、黑胡椒粉，用力朝一个方向搅拌上劲，制成猪肉馅。

❻ 将冻好的猪皮冻切成小丁，混入到猪肉馅中搅拌均匀，放入冰箱冷藏。

❼ 发好的面团分割成均匀大小的剂子，用擀面杖擀成皮。

❽ 将猪肉馅放入面皮中，顺着一个方向捏着包子收口捏紧，防止爆馅。

❾ 蒸锅内水烧开，笼屉上刷上一层薄薄的油，将包好的包子整齐摆在笼屉内，注意间隔距离，以免包子膨胀后粘在一起。

❿ 大火蒸 20 分钟，关火后，盖着盖子闷 3 分钟左右，以免包子突然接触冷空气，造成面团的回缩。

晶莹剔透、鲜嫩弹牙
水晶虾饺

🕐 60 分钟　🏠 高级

特色

水晶虾饺是经典的广东茶楼点心，澄粉做成的饺皮晶莹剔透、包裹进去的虾仁隐约透着粉色，吃起来爽滑弹牙，美味营养。

主料

澄粉 100 克 | 淀粉 30 克
虾仁 50 克 | 猪五花肉 50 克

辅料

植物油 2 茶匙 | 葱花 20 克
料酒 2 茶匙 | 姜末 2 茶匙
盐 1 茶匙 | 酱油 1 茶匙

烹饪秘笈

1 澄粉是制作虾饺皮的关键，不可以替换。
2 喜欢吃虾仁的，可以减少或者不放五花肉，根据自己的口感喜好增加虾仁的分量。
3 市售的冷冻虾仁可以让操作更为快速方便，如果有条件，用新鲜的大虾，自己洗净，去头尾、虾线，做成新鲜的虾仁，口感更好。

营养贴士

制作饺皮的澄粉又称"小麦淀粉"，口感细腻、爽滑有弹性，含有丰富的碳水化合物为人体提供能量；虾仁富含蛋白质和多种矿物质，与澄粉搭配，膳食营养更均衡。

做法

❶ 澄粉和淀粉混合均匀，将开水慢慢分次倒入，用筷子迅速搅拌均匀。

❷ 加入植物油，用手将面团揉捏均匀至光滑，包上保鲜膜备用。

❸ 虾仁加入 1 茶匙料酒、1 茶匙姜末，腌制 15 分钟。

❹ 五花肉剁成肉糜，加入 1 茶匙料酒、1 茶匙姜末、酱油、盐、葱花，用力搅拌上劲。

❺ 面团分割成均匀的小的剂子，擀成面皮。

❻ 面皮包入猪肉馅，中间放一个虾仁，用包饺子的手法，包成形。

❼ 蒸锅内水烧开，将虾饺放入蒸笼，大火蒸 15 分钟即可。

寓意吉祥、能登大雅之堂

四喜蒸饺

🕐 60 分钟　👨 高级

特色

面皮洁白、营养丰富、造型美观，是当之无愧的"白富美"。四喜蒸饺是传统的特色点心，丰富的食材不仅色泽亮丽，而且营养丰富，膳食搭配合理，非常适合在喜庆的场合或待客时用。

主料

面粉 100 克｜鸡胸肉 10 克

香菇 10 朵｜胡萝卜 1 根

青豆 50 克｜玉米粒 50 克

辅料

大葱 30 克｜黑胡椒粉 1 茶匙

盐 1 茶匙

烹饪秘笈

1 可以选择自己喜欢的食材，搭配出其他漂亮的颜色。
2 鸡肉可以用猪肉、牛肉代替。
3 折饺子皮口袋的时候，中心一定要捏紧，以免蒸煮过程中散开。

营养贴士

多种蔬菜提供了全面的维生素和丰富的膳食纤维，而鸡胸肉和面粉则提供了丰富的蛋白质和碳水化合物，这样的营养搭配，足够满足人体的能量所需。

做法

❶ 和面，将面团揉成光滑不粘手的状态，用保鲜膜包好备用。

❷ 大葱、香菇洗净，切成末；胡萝卜洗净，切成丁。

❸ 鸡胸肉剁成肉糜，加入葱末、黑胡椒粉、盐，顺时针用力搅拌上劲。

❹ 面团分成均匀大小的剂子，擀成饺子皮，大小比普通的饺子皮略大一圈。

❺ 将鸡肉铺在饺子皮中心，略微有些厚度。

❻ 将饺子皮成四角对折至中心点，形成一个有四个口袋的花朵形状。

❼ 将胡萝卜、香菇、青豆、玉米粒分别装进四个口袋中。

❽ 蒸锅内水烧开，将饺子放入笼屉中，大火蒸 15 分钟即可。

果香八宝饭

🕐 90分钟　🔺 高级

特色

宁波人对于糯米的偏爱由来已久，从年糕、汤圆到八宝饭，他们能把糯米做成各种各样好吃的点心和花样，这款加入了干果的八宝饭，口感软糯香甜、还带着香脆的口感，营养丰富，好吃管饱。

主料

糯米 50 克 | 干莲子 10 克
干红枣 5 颗 | 葡萄干 10 克
核桃仁 20 克

辅料

白砂糖 10 克 | 猪油 1 茶匙

烹饪秘笈

可以根据自己的喜好，加入喜欢的坚果、干果。

营养贴士

各种干果含有丰富的蛋白质和多种维生素、微量元素，而糯米则富含碳水化合物，能为人体提供能量，同时还具有补气补虚的功效。

做法

❶ 糯米提前 1 晚浸泡；红枣去核、对半切开。

❷ 莲子用清水浸泡 2 小时，去心。

❸ 蒸锅内水烧开，将浸泡好的糯米铺在笼布上，中火蒸 30 分钟。

❹ 蒸好的糯米拌入白砂糖和猪油，搅拌均匀。

❺ 取一个汤碗，将拌好的糯米铺在碗底，按顺序铺上莲子、红枣、葡萄干，压紧。

❻ 蒸锅内水烧开，放入汤碗，中火蒸 30 分钟。

❼ 将核桃仁铺在最上层，压紧。

❽ 取一个盘子，将汤碗倒扣在盘子上，形成一个半圆形的碗状即可。

荷叶糯米团

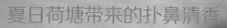

🕐 90 分钟（不含浸泡时间）　　👤 中等

特色

荷叶将所有的食材裹得紧紧的，经过蒸制之后，糯米完全吸收了荷叶的清香和腊肠的脂香，软滑香糯，而香菇仍然带有韧劲，板栗香甜粉糯，口感层次如此丰富，令人回味无穷。

主料

糯米 50 克 | 腊肠 50 克
干香菇 5 朵 | 板栗 3 颗

辅料

干荷叶 1 张 | 酱油 1 茶匙
葱花少许

烹饪秘笈

1 腊肠本身含有盐分，因此糯米中不需要再加盐。
2 腊肠可以用其他肉类代替，比如鸡肉或者是猪五花肉（非腊制品需要适当加入盐腌制 10 分钟）。
3 裹荷叶的时候，需要注意力度适中，太用力荷叶容易破损，太松散，糯米饭团蒸出来后不成形。

做法

❶ 糯米提前一晚浸泡，干荷叶用清水泡软，香菇用清水浸泡 1 小时至软。

❷ 腊肠切成小方丁；香菇切碎，板栗剥壳，取出板栗仁备用。

❸ 将浸泡好的糯米沥干水分，加入酱油搅拌均匀。

❹ 放入腊肠丁、香菇、板栗、葱花，搅拌均匀，制成糯米馅料。

❺ 将荷叶摊开，放入制作好的糯米馅料，裹紧，封口处向下压在下面。

❻ 蒸锅内水烧开，中火蒸 40 分钟即可。

不用烤箱也能做出香甜松软的蛋糕

蒸鸡蛋糕

🕐 60分钟　🔺 高级

174

特色

很好地解决了没有烤箱但是想自己做蛋糕吃的问题，虽然看着步骤有点多，但其实很简单，多做两次就能完全掌握了。蛋糕的口感蓬松、柔软香甜，不油腻，是孩子喜爱的点心。

主料

中等大小的鸡蛋 3 个｜面粉 100 克

辅料

细砂糖 50 克｜植物油 10 克

烹饪秘笈

1 在手工搅拌蛋糕液的各种食材时，最好使用刮刀，筷子也可以。手法要轻柔，划大 Z 字形即可，以免太用力让面粉起了筋道，就像馒头了。

2 蒸好后的蛋糕关火后闷几分钟，以免膨胀的蛋糕突然遇冷回缩，影响造型和口感。

做法

❶ 将鸡蛋的蛋清和蛋黄分开放入两个容器中。

❷ 打蛋器中档将蛋清打发至能稍微定形的奶油状，中间分 3 次加入细砂糖。

❸ 打蛋器中档快速将蛋黄打至蛋黄发黄，起泡沫的状态。

❹ 将蛋黄液分次、慢慢匀速倒入蛋白中，轻轻地，大幅度稍作搅拌。

❺ 将面粉筛入搅拌好的蛋液中，大幅度轻微拌匀，制成蛋糕液。

❻ 制作好的蛋糕液用筛子过滤，让蛋糕的口感更加细腻。

❼ 过滤后的蛋糕液加入植物油，稍作搅拌，分装进蛋糕杯或者小容器当中。

❽ 蒸锅内水烧开，放入蛋糕杯，大火蒸 20 分钟，蒸好后闷 3 分钟左右即可。

营养不上火、松软易吸收

牛奶小米糕

🕐 150 分钟（不含浸泡时间）　👤 高级

特色

小米糕松软香甜，弹牙细滑，颜色金黄灿烂，非常好看。牛奶的蛋白质和钙的含量很丰富，代替清水用于米糕中，不但香味更浓郁，营养也更丰富。

主料

小米 60 克 | 鸡蛋 1 个 | 面粉 30 克
糯米粉 20 克 | 牛奶 30 克

辅料

绵白糖 15 克 | 干酵母粉 2 克
玉米油 10 克 | 柠檬汁少许

烹饪秘笈

1 柠檬汁可以用白醋代替。
2 喜欢吃有颗粒口感的，在打小米的时候可以适当打粗一些。

营养贴士

小米是很温和的粗粮，含有丰富的蛋白质和维生素，滋补身体。老人吃小米易消化、养生保健，孩子吃小米能增强体质，而女性多吃小米能补益气血。

做法

❶ 小米用清水浸泡 2 小时，放入料理机中，加入 50 克清水，打成糊状。

❷ 小米糊中加入鸡蛋，再打成糊状，盛到一个大盆中。

❸ 在盆中加入糯米粉和面粉，用刮刀搅匀。

❹ 加入牛奶、绵白糖，柠檬汁，分次放入，搅拌均匀。

❺ 在面糊中加入酵母粉、玉米油，用力搅拌成细腻的糊状。

❻ 面盆用保鲜膜包好，静置 90 分钟，让其发酵至两倍大。

❼ 发酵好的面糊再次搅拌，帮助面糊排气。

❽ 将面糊倒入模具中，盖上保鲜膜，静置 15 分钟。

❾ 蒸锅内水烧开，放入模具，中火蒸 20 分钟，关火后闷 3 分钟。

❿ 从模具中倒出小米糕，成对角切成三角形状即可。

清甜爽口的养颜糕点
椰汁马蹄糕

🕐 60分钟　📋 高级

特色

口感清爽细滑又有韧劲的马蹄糕，看起来晶莹剔透，干净地分成两种颜色交叉重叠，可以切成菱形、方形、长方形，造型漂亮，精致细腻。撒上一些干桂花施以点缀，带来更为芬芳的香气，是夏秋时节非常有特色的糕点。

主料

红糖 60 克 | 椰浆 200 克
荸荠粉 130 克 | 炼乳 70 克

辅料

干桂花 5 克 | 植物油少许

烹饪秘笈

1 层数可以根据自己的喜欢自由发挥。
2 蒸制每一层浆的时间，根据倒入浆的厚度来决定，如果每一层都比较薄，那么每一层蒸制的时间相对减少，以浆成形凝固为准。

营养贴士

椰汁马蹄糕是热量比较低的甜品，适合爱美又爱吃的女性朋友，而且红糖补气养血、椰汁清凉下火，对滋养皮肤很有好处。

做法

❶ 红糖对入 250 克清水，熬成糖水，冷却备用。

❷ 荸荠粉对入 100 克清水，调和均匀，制成荸荠粉浆。

❸ 将荸荠粉浆均匀分成两份，装在两个不同的盆里。

❹ 一份荸荠粉浆倒入椰浆、炼乳，搅拌均匀制成白浆。

❺ 另一份荸荠粉浆倒入冷却的红糖水，搅拌均匀制成黄浆。

❻ 蒸锅内水烧开，放入准备好的模具，刷上少许植物油防止粘锅，倒入一层黄浆，盖上锅盖，大火蒸 5 分钟，让其凝固。

❼ 打开锅盖，倒上一层白浆，盖上锅盖，大火蒸 5 分钟。

❽ 按顺序重复 6、7、6 步骤，让最上层的糕点呈现出黄色。

❾ 最后一层蒸好后，打开锅盖，撒上干桂花，再盖上锅盖闷 10 分钟。

❿ 冷却后，切成长方形即可食用，放入冰箱冷藏口味更佳。

温暖香甜，家的味道
红枣发糕

⏱ 3 小时左右　　🤚 中等

特色

发糕蓬松香甜，糯而不沾，松软有弹性，回味无穷，是非常受老人和孩子欢迎的食物，其营养丰富易吸收，不管是作为主食还是点心，都非常合适。

主料

干红枣 10 颗 | 面粉 100 克
玉米粉 50 克

辅料

细砂糖 20 克 | 干酵母粉 4 克
植物油少许

烹饪秘笈

采用上述同样的步骤，可以蒸制南瓜发糕、紫薯发糕等。

营养贴士

玉米粉属于粗粮，能补充和完善膳食营养；红枣补气养颜，是滋补佳品，加入到发糕中可以增添甜蜜的风味，使得营养和口感都更加完善。

做法

❶ 干红枣 8 颗，用清水浸泡至发涨，去核后用料理机打成红枣糊。

❷ 剩余 2 颗红枣无须浸泡，直接去核，切成小丁。

❸ 将面粉、玉米粉、细砂糖混合。

❹ 在面粉中倒入清水、酵母粉、红枣糊、红枣丁搅拌均匀。

❺ 在模具底部刷上少许植物油防粘。

❻ 面糊倒入模具中，盖上保鲜膜，发酵约 2 小时，待其膨胀至两倍大小。

❼ 蒸锅内水烧开，放入模具，中火蒸 40 分钟。

❽ 关火，闷 3 分钟，取出红枣糕，等红枣糕微凉后，切成小块即可。

咸香开胃的广式小点心

萝卜丝糕

🕐 70 分钟　🏠 中等

特色

萝卜糕是广东地区的传统点心，主料是萝卜丝、猪肉和黏米粉，再加入一些其他的配料，咸鲜开胃，软糯香浓，食材寻常易见、物美价廉。

主料

白萝卜 500 克｜猪肉糜 80 克
干虾米 30 克｜糯米粉 100 克
黏米粉 100 克

辅料

盐 2 茶匙｜胡椒粉 1 茶匙
植物油适量｜葱花少许

烹饪秘笈

1 可以根据自己的口感控制萝卜丝的粗细，喜欢吃到萝卜丝口感的可以切粗一点。
2 蒸出来也可以直接食用，但是煎一遍的口感更香一些。
3 猪肉糜要用小火炒制翻动，直到炒出油脂、变色为止。

营养贴士

白萝卜含丰富的维生素，猪肉含大量的蛋白质和脂肪，米粉富含碳水化合物、微量元素，这个点心荤素搭配，在营养搭配上较为均衡完善。

做法

❶ 白萝卜切成丝，入沸水中焯熟（2 分钟左右），沥干水分备用。

❷ 平底锅加热，倒入少许植物油，放入猪肉糜，小火炒香至出油。

❸ 炒好的猪肉糜盛入盆中，加入白萝卜丝、干虾米、盐、胡椒粉、葱花拌匀。

❹ 拌好的馅料加入黏米粉、糯米粉，搅拌均匀，制成萝卜糕面团。

❺ 取一个方形容器，刷上少许植物油防粘，倒入做好的萝卜糕面团。

❻ 蒸锅内水烧开，放入容器，大火蒸 30 分钟。

❼ 将蒸好的萝卜糕倒扣出来，稍凉后切成 1 厘米左右厚的萝卜糕片。

❽ 平底锅加热，倒入少许植物油，小火将萝卜丝糕煎至两面金黄即可。

香柔爽口的养颜甜品

椰奶蒸汤圆

🕐 20 分钟　🏠 简单

特色

有别于清爽的椰汁，椰奶是用椰汁和椰肉研磨加工而成，含有更多的营养，味道香浓，细滑爽口，清凉解暑，有很好的美容滋补的功效。搭配以滋阴补气的糯米为原料的汤圆，对身体和皮肤都大有好处。

主料

市售成品汤圆 10 只

辅料

椰奶 200 毫升

烹饪秘笈

1 市售的花生汤圆、芝麻汤圆的味道比较浓郁，你可以试试果味馅的汤圆，搭配椰奶很清新。
2 喜欢清爽口味的，可以自己用糯米粉揉成糯米丸子直接蒸，不包裹馅儿。吃的时候撒上白糖即可。
3 同样的办法可以用来蒸元宵。

做法

❶ 将汤圆整齐地摆入盘中。

❷ 蒸锅内水烧开，将盘子放入锅内，大火蒸 10 分钟。

❸ 将汤圆小心地移到新的汤碗内。

❹ 淋上椰奶即可。

将丰收的喜悦装进盘中
高纤五谷杂粮蒸

🕐 40分钟　👐 简单

特色

多吃粗粮能促进肠胃的运动和营养的吸收，补充平时吃食太过精细导致的营养缺乏。这些五谷杂粮极易被人体吸收，而且装在一个盘中，看着丰富喜庆，很有田园特色。

主料

玉米	1 根
紫薯	1 个
花生	100 克（带壳）
铁棍山药	100 克
小土豆	200 克

烹饪秘笈

可以加入自己喜欢的杂粮食材，比如芋头、干红枣、荸荠等，都很好吃。

营养贴士

粗粮富含膳食纤维，能促进消化吸收和肠胃运动。不同的粗粮还含有各自不同的特色营养，组合在一起蒸制食用，能全面补充人体所需营养。

做法

❶ 所有的食材都洗净，玉米切成三节、紫薯切成大块、山药切成中等长段。

❷ 所有的食材放在蒸笼里，摆放整齐。

❸ 蒸锅内水烧开，将蒸笼放进去，大火蒸 30 分钟，用筷子插进紫薯或者土豆中，能轻松插到底，就表示熟了。

❹ 将蒸笼拿出来，不要闷在蒸锅当中，水蒸气容易使食材回软。

精致可爱的田园风味
山药蔬菜球

🕐 40 分钟　🍴 中等

特色

山药粉糯香甜，搭配脆爽的胡萝卜，口感层次丰富。这道菜营养丰富，颜色鲜亮，清甜爽口。

主料

铁棍山药 200 克 | 胡萝卜 30 克
菠菜 30 克

辅料

盐 1 茶匙 | 黑胡椒粉 1/2 茶匙
鸡精少许

烹饪秘笈

1 可以将山药蒸熟后再剥皮，不仅
易剥，而且不会手痒。
2 可以根据自己的喜好加入其他品
种的蔬菜，比如绿色的黄瓜（生
的即可）、黄色的南瓜、紫色的
紫甘蓝等，都可以让山药球看起
来更好吃。

营养贴士

山药是一种非常理想的保健粗粮，
其特有的黏液又称"植物胶"，是
非常珍贵的植物多糖，对肠胃有
很好的补益功效，养胃益气，还
能补脑健体。

做法

❶ 山药洗净，去皮，切段，
上蒸锅大火蒸 20 分钟，至山
药熟透，用筷子能轻松扎进去
即可。

❷ 山药用料理机或者手工打成
泥状，不需要太细腻，可略微
留有一些颗粒状。

❸ 胡萝卜洗净、切成丝；菠菜
洗净，切段，分别用滚水焯熟，
过凉水冷却。

❹ 凉好的胡萝卜和菠菜挤干水
分，都切成碎末。

❺ 将山药泥、胡萝卜和菠菜放
入同一个盆中，加入盐、鸡精、
黑胡椒粉搅拌均匀，制作成山
药蔬菜泥。

❻ 将山药蔬菜泥捏成一个一个
的丸子，整齐摆入盘中即可。

萨巴厨房® 系列图书

吃出健康系列

西餐 轻松做

烤箱料理

懒人快手
营养早餐

懒人
下厨房
系列

懒人下面条

花样烤箱料理
快捷 营养 美味

懒人健康菜

烤着吃才香

烤箱轻食

懒人快手
做一餐

午餐

米饭最佳伴侣

米饭爱小炒

烘焙精书

好汤好菜

意面和比萨

不可一日
无肉

家常
美食
系列

零失败
家常菜

回家吃饭

一碗好酱
一桌好菜

蒸炖煮一本全

鱼 我所欲也

原汁原味
好吃蒸菜

清粥
小菜

麻辣鲜香
馋嘴川菜

花样主食

爱吃馅

野餐&
便当

缤纷饮品

炒饭炒面

在家吃火锅

面包上的
100种
早餐

果汁果酱

凉菜
凉面

图书在版编目（CIP）数据

萨巴厨房. 原汁原味, 好吃蒸菜 / 萨巴蒂娜主编 . — 北京：
中国轻工业出版社，2024.11

ISBN 978-7-5184-2149-7

Ⅰ . ①萨… Ⅱ . ①萨… Ⅲ . ①蒸菜 – 食谱 Ⅳ . ① TS972.12

中国版本图书馆 CIP 数据核字（2018）第 238460 号

责任编辑：张　弘　高惠京　　　　　责任终审：劳国强　　整体设计：锋尚设计
策划编辑：张　弘　洪　云　高惠京　责任校对：李　靖　　责任监印：张京华

出版发行：中国轻工业出版社（北京鲁谷东街5号，邮编：100040）

印　　　刷：北京博海升彩色印刷有限公司

经　　　销：各地新华书店

版　　　次：2024 年11月第 1 版第12次印刷

开　　　本：710 × 1000　1/16　印张：12

字　　　数：200千字

书　　　号：ISBN 978-7-5184-2149-7　定价：49.80元

邮购电话：010-85119873

发行电话：010-85119832　010-85119912

网　　　址：http://www.chlip.com.cn

Email：club@chlip.com.cn